KB247196

넓은 땅
중국인 성격지도

넓은 땅 MAP OF CHINESE CHARACTERS
중국인 성격지도

왕하이팅(王海亭) 지음 · 차혜정 옮김 · 송철규 감수

도서출판 새빛
SAEVIT

학교에서든 사회로 나가 직장생활을 하든, 우리는 살아가면서 다양한 지역 출신의 사람들과 관계를 맺는다. 성격은 현실을 보는 인간의 자세와 행동 중 비교적 안정된 심리적 특징을 종합한 것이며, 이를 통해 한 사람의 심리를 꿰뚫어 그 사람의 행동을 조절할 수 있다. 아울러 성격은 지역·민속·문화 배경 등 여러 요소의 영향을 받는다. 사람과 사람 간의 교류에는 정해진 모델이 있을 수 없지만 상대의 성격과 사고방식, 생활 습관, 문화적 특징을 파악한다면 우리의 삶과 일, 대인관계를 풀어가는 데 뜻하지 않은 도움을 얻게 될 것이다. 생활 면에서는 계획성을 가지고 나아감과 물러남을 자유자재로 하며, 업무 면에서는 장점을 받아들이고 단점을 보완하여 일을 수월하게 하고, 대인관계도

잘 풀어가면서 좋은 인맥을 쌓을 수 있다.

이 책은 중국 30여 개의 행정구역별로 그곳 사람들의 전체적인 성격을 전면적으로 해부하고 분석하였다. 각 지역 사람들의 특징과 특정 성격을 형성하게 된 지리적·역사적 원인들을 소개하며 독자들에게 한 권의 중국인 성격지도를 제공하여, 타인과의 교류와 비즈니스에 필요한 지식과 기교를 익히는 데 큰 도움을 줄 것이다.

독자들의 시야를 넓히고 이해를 돕기 위해 명승고적과 풍속을 소개한 사진을 비롯한 관련 사진을 곁들여 독자들이 중국 각지의 풍습과 인정을 구체적으로 알 수 있게 했다. "한 지방의 물과 흙이 그 지방의 사람을 기른다(一方水土養育一方人)"라는 말이 있듯이 지역에 따라 사람들의 성격도 제각각이다. 그 지역 사람들의 성격을 제대로 읽어냄으로써 그 사람을 완전히 파악할 수 있을 것이다.

중국 시베이(西北^{서북}) 지방

신장웨이구얼 자치구
간쑤성
네이멍구 자치구
닝샤후이족 자치구
산시성 (陝西)
산시 (山西)
칭하이성
시짱 자치구(티베트)
쓰촨성
충칭
후베이
구이저우성
윈난성
광시좡족 자치구
하이난

화베이 지방
華北

베이징
北京

황제의 도시 콤플렉스

베이징 사람들은 말을 굉장히 잘한다. 그들의 모든 역량이 말을 하는 데 집중되어 있다는 느낌이 들 정도다. 이들은 일종의 만담인 상성(相聲)을 즐기는데 베이징 방언으로 이루어진 상성은 다른 지역에서도 인기가 높다. 베이징 사람들은 회사일이 끝나면 삼삼오오 웃옷 단추를 풀어헤친 채 모여 앉아 순대나 땅콩, 오이 한 쪽을 들고 이야기를 나눈다. 그럴싸한 회사의 사장이든 전문 지식으로 무장한 학자든, 그런 것은 중요하지 않다. 이들은 앞에 놓인 땅콩을 보면서 우주 비행사의 화장실 문제를 논하고 맥주 뚜껑을 보면서 우주 대폭발설을 이야기할 정도로 화제가 광범위하다.

베이징은 역대 왕조에서 시행하는 과거제도와 관료제도, 수도로서의 위상 덕분에 전국의 문인과 학자들이 운집하는 지역이었다. 이 지역의 문화와 학술은 정통을 표방하는 독특한 특징이 있는 반면에 혁신 정신은 부족한, 무거운 황실의 분위기를 띠고 있다. 그러나 요즘의 베이징 '문화인'은 보수적이고 피동적인 과거의 분위기를 탈피해 새로운 사조와 관념으로 무장한 실용주의 색채를 띠고 있다. 베이징 사람들은 벼락부자를 경멸하며 가난한 선비를 대접했는데 이런 사람들이 벼슬길에 오른다는 이치를 알았기 때문일 것이다. 이들은 학자와 문인을 존경하면서 그들을 모방하고 닮아갔다. 그러다 보니 자신도 모르게 말 속에 문인의 냄새가 배게 되었다.

화가가 그린 라오베이징인의 모습

옛 베이징 사람이 긴 도포에 마고자를 입고 작은 모자를 쓰고 지
팡이를 들었다. 한 손에는 새장을 들고 있는 모습이 매우 한가롭
다. 이런 모습이 곧 베이징 '나리'들의 전형적인 특징이다.

온갖 음식을 섭렵한 라오(老)베이징인

베이징만의 요리가 있을까? 없다. 그렇다면 다른 곳에는 없는 베이징
의 특산물이 있을까? 그것도 없다. 과거 유명한 식당 주인이나 심지어 주
방장 중에도 베이징 출신은 극히 적었다. 그런데 이것이 바로 베이징 먹
을거리의 특징이다.

중국의 각 지역 요리는 저마다 독특한 풍미를 자랑한다. 천자가 있는
수도답게 베이징에는 온갖 좋은 음식들이 모여들었다. 전국 각지에서 모
여든 주방장들이 각종 산해진미를 만들어내고 까다로운 입맛을 통과한

충차탕(衝茶湯)

베이징은 차와 간식의 종류가 매우 다양하다. 유차(油茶)·면차(麵茶)·살구차 등은 끓는 물만 부으면 고소하고 맛있는 차가 된다.

콩국(豆汁) 노점

콩국은 중국인들이 가장 좋아하는 간식거리다. 이런 노점은 한 번 벌이면 백 년 이상 성업을 이룬다.

바오두(爆肚) 음식 노점

최고의 것들만 남아 있게 되었다. 이것이 좀 더 개량되고 발전하여 베이징 사람들의 입맛을 형성한 것이다. 베이징은 전형적인 소비 도시로, 예로부터 관리들이 많았다. 이들은 적당한 생활수준을 유지하며 생활에 쫓기지도, 그렇다고 지나치게 방만하지도 않아 베이징의 먹을거리를 다양하게 발전시키는 데 일조했다. 정치적 지위와 경제 조건, 품위와 자질 등이 뒷받침되면서 북경 토박이라 불리는 대다수 라오베이징인들의 식생활과 입맛은 각 지역의 특색을 받아들이고 병존하면서도 경쟁하는 구도를 만들어냈다. 전국의 다른 도시에 비교할 때 베이징의 먹을거리는 천혜의 조건을 갖추었으며, 베이징 사람들은 전국 각지의 특색 있는 요리를 모두 맛볼 수 있는 혜택을 누리고 있다.

돈과 시간이 넘쳐 발달한 놀이 문화

베이징 사람들에게 놀이의 의미는 매우 광범위하다. 토박이 베이징 사람들은 문화·오락 활동을 중요하게 생각하며 그중에서도 경극 감상을 단연 으뜸으로 여긴다. 옛날에는 전통 악기 서피와 호금을 한두 마디 연주하지 못하면 베이징 사람으로 치지도 않을 정도였다. 그때만 해도 경극의 인기가 요즘 사람들은 상상도 할 수 없을 만큼 대단했다고 한다. 심지어 정치가들보다 담흠배(潭鑫培)나 매란방(梅蘭芳) 같은 경극 배우들에게 더 관심이 많았으며 그들만 볼 수 있으면 제대로 먹지 못하고 입지 못해도 상관이 없었다고 한다. 경극 감상 외에도 폭죽놀이나 연날리기, 귀뚜라미싸움, 닭싸움, 금붕어 키우기 등 취미도 다양하다. 이런 취미는 돈과 시간의 여유가 있어야 누릴 수 있기에 예부터 먹고 사는 걱정이 없던

경극 〈백사전(白蛇傳)〉
이 사진은 1920년 말 〈백사전(白蛇傳)〉의 공연 포스터이다. 왼쪽의 상소운(尙小雲)이 소청(小靑)으로 분하고, 가운데 있는 매란방(梅蘭芳)이 백소정(白素貞) 역을, 정연추(程硯秋)가 허선(許仙) 역을 맡았다. 그 외 순혜생(荀慧生)까지 경극의 4대 주인공이 한 자리에 모인 것은 드문 일이었다.

베이징에서 이런 놀이와 취미가 발달한 것이다. 또 그런 사람들을 상대로 하는 장사도 성업 중이다. 금붕어 하나만 예를 들어도 베이징에서는 금붕어를 키워 파는 사람들이 수두룩하다. 베이징 사람들은 노점상 구경도 좋아한다. 삶의 여유를 누리며 노점상을 기웃거리다가 신기한 것이 있으면 눈을 떼지 못한다. 베이징 사람들에게 놀이는 일종의 문화다. 이들은 놀이 속에서 정취를 느끼며 마음을 정화시킨다.

얼음처럼 차가운 독설가

베이징 남자들은 입담 좋기로 유명하다. 나이 지긋한 베이징 남성들과 이야기를 나누다 보면 이들이 얼마나 위트가 넘치고 화제가 풍부한지 금방 알 수 있다. 베이징 남자들은 말을 잘하기도 하거니와 말이 너무 많기도 하다. 그래서 사귀기는 부담스럽고 친구로 삼기는 열정이 지나치며 상사로 모시기는 너무 어려운 상대다. 이들은 독설에도 일가견이 있어서 웬만한 사람들은 당해내지 못한다. 하지만 당신의 면전에서 독설을 한다면 기죽을 필요는 없다. 그 사실 하나만으로 이미 당신을 독설의 대상에서 제외한다는 의미다. 그러므로 그들과 이야기를 나눌 때는 너무 진지하게 받아들일 필요가 없다.

인터넷 세상에도 예외 없이 베이징 남자들의 독설이 넘친다. 얼음처럼 차가운 독설에 상처 입은 사람들이 반격에 나서지만 실컷 욕 해놓고 어느샌가 사라져버리는 통에 억울함을 하소연할 데도 없이 냉가슴만 앓고 만다. 베이징에 있는 축구장에 가보라. 관중들이 얼마나 욕을 해대는지, 거짓말 하나 안 보태고 장내에 돌아다니는 생수병의 수만큼 욕설의 종류도 다양하다. 그런가 하면 베이징 남자들의 말 속에는 유머와 재치가 넘친다. 소탈한 일상에서 지나치게 진지하기보다는 웬만한 일은 유머로 넘

라오베이징 텐차오(天桥)(후반부)
근현대를 묘사한 '청명상하도(淸明上河圖)'는 베이징 텐차오(天桥)의 번화함을 잘 표현하고 민국의 텐차오 시장 풍경을 기록했다.

겨버린다. 주변에서 일을 벌였는데 힘들다며 죽는 소리라도 하면 이들은
두말없이 그까짓 거 자기에게 맡기라며 큰소리부터 친다. 앞으로 어떻게
될지는 안중에도 없다. 그들은 심각하게 생각하는 것을 싫어한다. 체면
과 의리를 중시하는 베이징 남자들은 집안 형편이 찢어지게 가난해도 아
는 사람의 어렵다는 소리를 들으면 두말없이 집에 있는 비상금이라도 들
고 나가 덥석 쥐어준다. 마누라의 빗발치는 아우성쯤은 아랑곳하지 않는
다. 그러면서 "자네 앞으로도 어려우면 언제든 날 찾아오라고"라며 한마

디 덧붙이는 것을 잊지 않는다.

베이징 남자들은 생활을 즐길 줄 안다. 그들은 먹는 일을 매우 중요시하지만 식재료에 까다롭지는 않다. 평범한 오이나 가지 한 쪽만 가지고도 훌륭한 요리를 만들어내는 요리의 달인이기도 하다. 여름에는 자장면 한 그릇, 겨울에는 따뜻한 샤브샤브 국물 하나만 있으면 그만이다. 날씨가 더울 때는 각양각색의 중국식 상의를 입고 한 손에는 자장면이 가득 든 큰 사발을 들고, 한 손에는 오이 반쪽을 든 채 사합원(四合院 : 중국의 대표적인 전통 가옥 양식으로 정사각형의 구조에 하나의 대문이 있다-옮긴이)의 뜰에 옹기종기 모여 앉아 이야기를 나누는 모습을 볼 수 있다. 시원한 바람이 불어오면 더 편안하고 흐뭇한 정경이 펼쳐진다. 새벽 대여섯 시, 직장에 다니는 사람들이 아직 잠자리에 있을 시간이면 나이 지긋한 사람들이 삼삼오오 공원에 나타나기 시작한다. 도시가 아무리 바쁘게 돌아가도 길가의 공원에서는 새장을 들고 있는 사람, 서피(西皮)와 이황(二黃) 같은 전통 피리를 부는 사람, 태극 검무를 추며 생활을 즐기는 사람들을 볼 수 있다. 이들에게 산다는 것은 곧 즐거움을 찾는 일이다.

베이징 남자들은 가정적이고 절약이 몸에 밴 모범 남편이다. 이들에게 뭘 먹는지는 중요하지 않으며, 오로지 어떻게 만들어 먹느냐가 큰 관심사다. 그래서인지 식비가 꽤 절약된다. 부인의 솜씨가 못미더우면 팔을 걷어붙이고 주방에서 직접 음식을 만들기도 하는 등 집안 어른으로서의 근엄한 자세는 찾아보기 어렵다. 부인은 남편에게 집안일을 맡겨놓고 하루 종일 늘어지게 잠만 잘 수도 있다. 그뿐인가, 집안에서 TV를 켤 필요가 없을 정도로 심심할 틈을 주지 않는다. 전기료 절약은 덤으로 따라온다. 그래서 이야기 상대가 없는 노인들이나 TV 앞에 앉아 있다는 말이 나올 정도다. 이렇게 여자에게 헌신적인 베이징 남자들이지만 스스로는 이를 인정하려 하지 않는다. 식사 준비를 도맡아 하면서도 부엌일이 취미일 뿐이라고 둘러대는가 하면, 화장실에 쪼그리고 앉아 담배를 피우면서도 자기가 좋아서 그러는 거라고 큰소리를 친다. 월급을 봉투째로 부인에게 바치면서도 회사가 자기를 신임한다고 말하며, 퇴근하기가 무섭게 집으로 내달리면서 내세우는 핑계는 집에 늦게 가다 길에서 수작을 거는 여자라도 만나면 골치 아프니 일찍 가서 쉬겠다고 말한다. 비가 오는데 우산이 하나밖에 없다면 베이징 남자들은 자기는 흠뻑 젖더라도 부인이나 여자친구에게만 우산을 받쳐준다. 그리고 여자가 부드러운 목소리로 "자기가 비에 젖어 병이라도 나면 난 어떻게 해?"라고 한 마디만 해주면 흐뭇해서 어쩔 줄 모른다.

그녀의 격조를 지켜줘라

베이징 여성은 전국 각지의 여성과 남성의 장·단점을 모두 가지고 있다. 그러나 다른 지역에 비해 두드러지게 나타나는 특징은 뭐니 뭐니 해도 '격조를 따진다'는 것이다. 그들의 장점도, 단점도 격조를 따지는 것과 관련이 있다.

이미 서구화되어 버린 베이징 여성들의 남편 노릇하기도 쉽지 않다. 다른 도시 출신도 마찬가지지만 베이징 여성들은 남편감을 고를 때 수입이 얼마인가부터 따진다. 그러나 돈만 많다고 되는 것이 아니다. 격조가 있어야 한다. 부자여도 음악을 이해하는 부자여야 한다. 세계적인 뉴에이지 음악가 야니(Yanni)나 전자 바이올리니스트 바네사 메이(Vanessa Mae) 정도는 기본이고 모차르트나 베토벤의 음악까지 줄줄 꿰고 있어야

술집에서 연주하는 악단
고급 술집에서는 대부분 악단이 연주한다. 사람들은 자신의 기호에 따라 다양한 품격의 술집을 선택한다.

한다. 이런 이름들이 대화에 등장할 정도의 수준이면 일단 대화가 통한다고 생각한다. 게다가 당신이 말하는 용어가 웬만한 사람은 알아들을 수도 없어야 더욱 품위 있고 격조가 높다고 여긴다.

격조를 아는 여인과 가끔 만나는 것은 분명 즐거운 일이 아닐 수 없다. 그러나 그런 여성과 날마다 함께한다면 이야기는 달라진다. 그래서 베이징 여성들은 친구로 지내기 적합하다. 물론 이때도 주의할 것이 많다. 베이징 여성은 민감하고 변덕이 심하다. 당신의 구두가 먼지투성이라면 그녀는 그 사실을 마음에 두며 당신과 거리에 나서기를 꺼려하고 당신이 가까이 오지 못하게 할 것이다. 그녀는 식사 주문을 할 때도 깍지 완두콩이나 브로콜리 요리 같은 채소 요리만 고를 것이다. 그때 당신은 고기만 좋아하냐는 핀잔을 들으면서도 반드시 고기 요리를 주문해야만 한다. 그녀가 채소 요리를 고집한다고 해서 고기를 싫어하는 것은 아니기 때문이다. 그녀는 그렇게 함으로써 자신이 세속적이지 않다는 것을 보여주고 싶어할 뿐이다. 베이징 여인들은 서양의 명절에 관심이 많다. 따라서 밸런타인데이, 크리스마스, 어머니날, 아버지날, 할로윈데이 같은 기념일을 잘 챙겨야 한다. 단오절이나 중양절(重陽節) 같은 고리타분한 이야기로 그녀를 따분하게 해서는 안 된다. 당신이 중국의 전통 명절에 대해 신이 나서 침을 튀기며 이야기하는 순간 그녀는 당신이 농촌 출신이라 아직 촌티를 못 벗었다며 혀를 찰 것이다. 베이징 여인과 데이트하려면 거리를 함께 거닌다거나 공원에 가는 것은 피해야 한다. 그녀들은 새로운 트렌드를 추구한다. 가령 다트 게임장이나 번지점프, 자동차극장 같은 곳을 더 선호한다. 그 밖에 그녀가 좀 심하다 싶은 귀여운 옷차림을 하고 나와도 기꺼이 받아들여야 하며, 간단한 영어 한두 마디 정도는 입에 달아주어야 한다.

베이징 여성과의 데이트에서 범해서는 안 되는 중요한 금기 한 가지는, 사전 약속 없이 그녀의 집에 찾아가 그녀를 난처하게 만들어서는 절대로 안 된다는 것. 베이징 여성들이 사는 동네나 살림살이는 대부분 그녀들이 강조하는 것처럼 그렇게 좋지 않다. 격조 있는 소품들과 가구를 가지고 있는 경우도 있지만 이를 멋지게 디스플레이하기에는 그녀가 지내는 장소가 너무 좁다. 그 틈에는 간밤에 벗어놓은 스타킹이나 머리핀이 뒤섞여 있기도 하다. 거기다 평생 육체노동으로 살아온 그녀의 아버지와 마주치기라도 했다가는 그녀는 쥐구멍에라도 들어가고 싶을 것이다. 그래서 먼 친척 아저씨인데 어제 막 베이징에 도착했다고 둘러대기도 한다. 그녀가 격조 있는 스타일을 연출하는 것도 실은 가정 형편이 그렇지 못하기 때문에 더욱 그런 생활을 꿈꾸는 것이다. 격조를 추구하는 여성일수록 집안 분위기가 원래부터 그랬다기보다는 오히려 그 반대로 격조를 원하는 그녀들의 갈망이 표현된 것에 지나지 않는다. 따라서 아이러니하게도 가정의 전통이 우수한 베이징 여성들은 격조 같은 것을 내세우지도 않으며, 심지어 옷도 수수하게 차려입는다. 사실 대부분의 베이징 여성은 격조와는 담을 쌓은 가정에서 태어났다. 따라서 애써서 격조를 강조하는 것은 부자연스럽고 과장되게 표현될 수밖에 없다. 그러나 그녀의 아버지나 할아버지 대(代)와 마찬가지로 꾸밈없이 살도록 강요한다면, 그건 그녀에게 죽으라는 소리와 같다. 왜냐하면 격조는 이미 그녀의 신앙이 되었기 때문이다.

도시 생활로 몸에 밴 패션 감각

베이징 여인은 아름답다. 머리끝에서 발끝까지 내면에서부터 밖으로 풍겨 나오는 아름다움은 어느 한 부분에 그치지 않고 전체적으로 조화를 이룬다. 베이징 여인의 아름다움은 우아함 속의 섬세함이며, 그 속에 독창성이 존재한다. 문화 고도에서 태어난 그들은 어릴 때부터 미적 감각을 익혔다. 각종 헤어스타일과 패션의 색감, 디자인의 조화를 연구하고, 그 속에서 자신에게 맞는 스타일을 찾아낸다.

베이징 여인들은 얼굴을 굉장히 중요하게 여긴다. 그들은 자신의 품위를 위해 맨얼굴도 마다하지 않는다. 그녀들은 결코 얼굴을 팔레트 삼아 함부로 그림을 그려대지 않는다. 짙은 화장을 하는 경우는 거의 없다. 자연미를 중시하는 그녀들은 화장을 할 때에도 적당한 선을 지킨다. 피부색이 희든 검든 그녀들은 아름다움을 표현할 줄 안다.

베이징 여인은 요란하게 드러내지 않는 스타일이나 그런 색깔의 옷차림을 중시한다. 머리를 틀어 올리고 옆을 튼 치파오를 입기도 하고 어깨까지 늘어뜨린 머리스타일에 원피스를 입기도 한다. 아니면 파마머리에 패션 리더 같은 옷을 입기도 한다. 그리고 어떤 차림을 하든지 외출 전에 어느 것 하나 부족하지 않게 꼼꼼하게 체크하는 것이 기본이다. 서랍을 온통 뒤져서 옷에 어울리는 브로치를 찾아내기도 하고, 몇 십 장은 족히 되는 스카프 중에서 그날의 의상 콘셉트에 맞는 한 장을 골라내기도 한다. 베이징 여인의 아름다움은 억지로 꾸며낸 것이 아니라 오랫동안 도시 생활을 하면서 몸에 밴 것이다. 베이징 여인들은 색채를 선택할 때도 파스텔 톤이나 짙은 색을 선호한다. 여름을 제외한 다른 계절에 거리에 나가 보면 온통 검은색과 회색, 갈색 옷을 입은 여인들이 넘친다. 간혹 크림색 다운 웨어(솜털을 넣은 방한용 의류를 말함-옮긴이)나 인디언핑크 색상의 가죽옷을 입음으로써 단조로운 옷차림에 포인트를 준 여성도 눈에 띈다. 베이징 여인들은 스카프를 매우 사랑한다. 봄 · 가을에는 부드러운 감촉과 화려한 색감의 실크 스카프로 멋을 내고 겨울이면 포근한 양털 머플러를 두르는데 선셋 레드(sunset red)나 씨 블루(sea blue) 색상은 눈바람 속에서도 아름다운 자태를 돋보이게 해준다.

두 마리 토끼 잡기

베이징 여인은 현모양처다. 보편적으로 삼대가 함께 모여 사는 대가족의 일원이기 때문에 베이징 여인은 누군가의 어머니이면서 동시에 누군가의 부인이기도 하고 며느리이기도 하다. 그들은 가정에서 자신의 일을 완벽하게 해낸다. 가스레인지 하나도 못 켜던 아가씨가 일단 결혼만 하면 금방 요리를 척척 해내는 것도 보통이다. 음식을 잘 할 뿐 아니라 자신의 아이디어를 가미해 새로운 요리를 개발해내기도 한다. 베이징 여인들은 현명하다. 서화나 피아노, 꽃꽂이, 다도에 일가견이 있을 뿐 아니라 남편의 체면을 살려줄 줄도 안다. 자신이 아무리 회사에서 높은 자리에 있더라도 남편과 함께 참석한 자리에서는 영락없이 남편 곁에 다소곳이 앉아 있는 여인이 된다. 대소사를 막론하고 남편의 의견을 존중하며 적당히 한두 마디를 거들 뿐, 친구들 앞에서 남편의 체면을 세워주면서 남편을 격려한다. 이런 정성은 아이에게도 쏟아진다. 베이징 여인의 교육열로 인해 아이는 서너 살만 되면 천문·지리·미술·음악에 대해 모르는 것이 없을 정도로 박학다식해지는데, 이는 아이에게 더 넓은 세상을 보여주기 위한 엄마의 배려에서 비롯된 것이다. 아이가 학교에 가면서부터 베이징 여인들은 슈퍼우먼으로 탈바꿈한다. 일을 하면서도 집에 돌아오면 집안 식구의 입는 것, 먹는 것을 챙길 뿐 아니라 아이의 공부도 보살펴야 한다. 학부모회에 참석하고 아이의 학원 교습에 이르기까지 모든 것을 도맡아서 한다. 그러면서도 그녀들은 여전히 세련되고 아름답다.

베이징 여인들은 낙천적이다. 이 도시에 살고 있는 여인들은 남자들의 삶도 녹록지 않다는 것을 알기에 가정을 좀 더 아늑하게 가꾼다. 베이징 여인들은 어린아이 같아서 나이가 아무리 많고 자녀가 아무리 자라도 눈 오는 날이면 가족과 함께 눈싸움을 하고 눈사람을 만든다. 누군가 낙천적인 성품이 동심으로 세상을 보게 한다고 말했는데 베이징 여인들이 바로 그런 것 같다.

베이징 사람들은 외지 사람들에 비해 정치에 관심이 많다. 택시만 타도 세상 돌아가는 소식을 훤하게 알 수 있을 정도다. 베이징 여인들은 어릴 때부터 이런 환경 속에서 살아와서 시사나 뉴스에 관심이 많다. 그녀들은 남자와 똑같이 고등학교·대학교를 나오고 대학원까지 공부한다. 직장에서도 남자 동료와 동등한 승진의 기회를 얻는다. 그녀들은 더 열심히 일하고 더욱 혁신정신을 갖게 된다.

베이징 여인들은 결코 특별하지 않다. 그녀들은 중국 다른 지역의 여성들과 마찬가지로 참을성과 은근한 미를 지니고 있으며 섬세하고 부드럽다. 그러면서도 대담하고 열정적이며 진취적이고 노련하다. 더 많은 면에서 그녀들은 완벽함을 추구한다. 그녀들이 노력하는 것은 여성의 모든 아름다움을 표현하는 것이다. 거창한 일에서부터 자질구레한 집안일까지 그녀들은 기꺼이 감당해낸다. 사업과 가정의 틈에서 능수능란하고 야무지게 일을 처리하여 두 마리 토끼를 모두 잡는 사람이 베이징 여인이다.

베이징 사람과 관계 맺기

베이징 사람들은 정치·문화의 중심지인 수도 시민답게 정치에 관심이 많다. 이들에게 정치를 빼면 음식에 소금이 빠진 듯 생활이 무미건조해지고 만다. 오랫동안 정치와 권력의 중심에 있었던 관계로 베이징에서 상업에 종사하는 사람들도 권력형 상인들이 많았다. 황실에서부터 말단 관리에 이르기까지 권력과 손을 잡고 이를 이용해 돈을 벌었다. 관료들로부터 정보를 빼내고 각종 이권에 개입했다. 상하이 사람들이 문화·예술을 예술적 관점에서 본다면, 베이징 사람들은 정치적 배경과 인사 관계, 간부의 태도 등 여러 각도에서 분석하고 평가한다. "베이징 사람은

신동안시장(新東安市場 : 신동안스창)의 야경
신동안시장은 왕푸징 상업가 북단 구동안시장 자리에
있으며 단위 면적은 21.58㎡ 규모다. 신동안시장은
1998년에 준공, 오픈하여 쇼핑·음식·오락을 결합한
왕푸징 상업가의 중요한 위상을 차지하는 현대적인
상가로 성장했다.

이념을 논하고 광둥 사람은 장사를 논하며, 베이징 거리에는 구호가 만
연하고 광둥 거리에는 광고가 넘친다"라는 말이 있을 정도로 베이징 사
람들의 머릿속은 온통 정치적인 견해로 가득하다. 그들은 사업을 할 때
도 관료 냄새를 풍기며 정치를 내세우는 경우가 많다. 상인이 정치에 관
심을 갖는 것은 나무랄 일이 아니지만, 지나친 정치적 관심은 시장경제
에 부작용을 미칠 때가 많다. 많은 상업 행위가 관료의 의지에 따라 변화
하는 경우가 많고 관료가 개입하는 경우가 많다는 것이 문제다. 그렇지
만 베이징 사람들과 사업할 때는 그들의 정치적 정서를 비난해서는 안
되며 반대로 그들의 이런 특성을 이용하면 사업을 더 순조롭게 할 수도
있다.

베이징 사람들은 인정을 중시한다. 전통적인 예로서 사람을 대하고 중

용의 도를 따라 사람과 사람 사이에 조화를 이루며, 최종적으로는 사회의 화합을 이루고자 한다. 상대를 존중하고 우정을 중시한다. 식당에서 친구들끼리 서로 돈을 내겠다고 다투는 것도 흔히 볼 수 있는 장면이다. 이들은 여간해서는 더치페이를 하지 않는다. 아는 사람 사이에 네 것과 내 것을 따지는 것은 너무 이기적이라고 생각하며 개인의 이익을 내세우느라 대인관계의 화합을 깨서는 안 된다고 생각한다.

그래서 "친구를 속이는 것은 단 한번일지라도 자신에게 평생 해가 된다"는 격언을 가슴에 품고 산다. 그런 이유로 이들은 기꺼이 남을 돕고 다른 사람의 입장에서 생각하며 친구를 도우면서도 결코 보답을 바라지 않는다. 또한 인정을 중시하고 은혜를 입고 갚지 않으면 군자가 아니라

전통 인사법
베이징 사람들은 예절을 매우 중요시했다. 이 방면에 아는 것
이 어느 정도냐가 한 사람의 자질을 시험하는 척도였다.

고 여기며 배은망덕한 사람을 경멸한다. 베이징 사람들의 이러한 특징을 잘 파악하면 사업상이나 개인을 막론하고 인정이 넘치는 교류를 할 수 있다.

베이징은 거대한 인재의 창고다. 이곳에는 중국에서 가장 영향력이 큰 권위 있는 대학과 과학연구기관이 즐비하며 중국 최고의 인재들이 집중되어 있다. 그래서 길가다 돌을 던지면 돌에 맞는 사람은 십중팔구 박사라는 우스갯소리가 있을 정도다. 유명한 기업인들 중에도 대학교수 출신이나 외국 유학파가 많다.

이들은 하이테크 산업이나 IT 산업, 3차 산업에 종사하면서 문화적 소양도 높고 정보에도 민감하다. 그들은 사업 경험은 풍부하지 않으나 시장경제 이론으로 무장하고 도전하여 몇 년의 고전 끝에 성공의 반열에 우뚝 선다.

자금성(紫禁城) 태화전(太和殿)
12세기 금원시대부터 베이징은 정치의 중심지였다. 그 위상의 존엄과 영화, 통치자의 심혈, 그리고 천하의 왕으로서의 풍모는 같은 시대의 다른 도시가 감히 따라올 수 없는 것이었다.

특히 관리들과 광범위한 관계를 맺고 있는 베이징의 신세대 상인은 공장 노동자 출신 민영 기업주나 개인 사업자와는 다르다. 그들은 안경을 쓰고 스타일리시한 양복 차림에 노트북을 끼고 자신의 발명을 상품화하기 위해, 혹은 모 기관에 홍보하기 위해, 아니면 모 지역이나 기업을 위한 기획을 하느라고 분주하게 뛰어다닌다. 베이징 상인들은 현대의 관리 지식으로 무장한 데다 문화적인 기질이 농후하다.

이것은 바로 과거 유상(儒商 : 선비출신 상인-옮긴이)의 기질이다. 행동이 우아하고 지식이 풍부하며 종사하는 분야에도 뛰어난 전문성을 띠었고, 일정한 예술적 소양을 갖추고 문화·예술에도 조예가 깊으며 문화계 인사들과도 교분을 맺고 있다. 또한 외국에 대해 비교적 잘 알고 있고 외국어에 능하며 어떤 문제에나 자신만의 견해가 있다. 일을 중시하되 한가로운 생활을 즐길 줄도 아는 그들은 생활의 질을 무엇보다 중시한다.

네이멍구
內蒙古

초원의 독수리들

'네이멍구' 하면 광활한 초원, 쪽빛의 하늘, 갓 짜낸 고소한 양젖, 새하얀 하다, 아가씨들의 아름다운 노래 소리가 떠오른다. 네이멍구의 아름다운 자연환경과 차가운 기후는 초원 사람들의 열정과 순박함을 키웠다. 이들의 마음은 광활한 초원처럼 넓고, 이들의 열정은 한여름의 태양처럼 강렬하다. 유목민들은 자신의 감정을 결코 숨기는 법이 없다.

네이멍구 자치구에 가본 사람이라면 누구나
멍구족(蒙古族 : 몽골족)의 호방함을 실감했을 것이다. 그들은 말 위의 민족이며 초원의 독수리들이다. 소탈하고 속박에 얽매이지 않는 그들의 성품은 대초원에게서 받은 것이다. 열정적이고 손님을 반기며 가무에 능한 것 역시 대초원이 그들에게 준 선물이다. 대초원은 그들이 존경하는 어머니이며, 그들이 사랑하는 삶의 터전이다. 이곳에서는 양떼가 한가로이 풀을 뜯고 풀들이 바람에 나부낀다. 꾸밈없는 자연은 사람들이 화목하게 살 수 있도록 아늑한 삶의 터전을 제공해준다. 탁 트인 초원에서 들리는 것은 바람의 속삭임이요, 풀들이 바람에 화답하는 마음의 소리다. 초원은 사람이 자연과 함께 더불어 살아가는 오염되지 않은 공간이며, 인류의 소중한 비경이다. 이러한 환경은 이 지역 사람들에게 자유분방한 성격을 형성하게 했고, 두터운 정이 묻어나는 찬가를 짓게 했다. "물과 흙이 사람을 만든다"는 말처럼 이곳에서는 자연이 인간에게 선물한 걸작에 감탄사가 절로 나온다.

대초원에서 단련된 전통 스포츠

멍구족은 대초원에서 호방함을 단련했다. 이들이 전통적으로 즐겼던 오락 활동인 승마·씨름·활쏘기 등은 오랜 역사를 자랑하며, 세계적으로도 유명하다. 말 타기와 활쏘기는 외적에 대한 공격과 방어를 위해 사

승마 종목에 참가해 말을 모는 장면

용하던 무기였으며, 씨름은 전사의 기백을 훈련하는 수단이었다. 그때부터 승마와 씨름, 활쏘기는 네이멍구의 유명한 축제인 나담 대회(Nadam Fair)의 백미를 장식하는 주요 종목으로 채택되어 초원에서 널리 유행했다. 원(元)나라 때 멍구족 남자들은 반드시 승마와 씨름, 활쏘기의 세 가지 기능을 갖춰야 한다고 규정하면서, 이 세 종목은 남자의 능력을 평가하는 잣대가 되었다.

초원의 유목민은 남녀노소를 불문하고 모두 말을 잘 탄다. 대여섯 살짜리 아이가 부모 형제를 따라 목장에 가서 방목을 하는 것은 보통이고, 열 살만 되어도 안장 없이 말을 자유자재로 타면서 나담 축제에 참가하여 기량을 겨룬다. 말 달리기 경주는 사람의 마음을 뒤흔드는 초원의 전통 스포츠로, 매년 목축이 끝나가는 6~7월에 거행하며 개인 또는 지역의 대표 자격으로 참가하기도 한다. 참가자는 적게는 20~30명에서 많게는 수백 명에 달하기도 한다. 말 달리기 경주에 출전하는 선수는 대여섯 살 남자 아이에서부터 청년, 심지어 백발이 성성한 노인까지 다양하다. 보통 50~70리를 달리는데, 양말과 신발을 신지 않은 채 화려한 옷을 입고 머리에는 붉은색과 푸른색 술을 달아 간편하면서도 용맹스러운 자태를 보여준다. 시합이 시작되면 말을 탄 기수들이 앞을 다투어 채찍을 휘두르며 질주하고 관중의 환호성이 천지를 진동한다. 준마가 질주할 때 말에 탄 사람은 마치 하늘로 날아오르듯 익숙한 솜씨로 말 타기 기술을 선보인다. 시합이 끝나면 순위에 오른 말들이 연단 앞에 한 줄로 서고 연단 위에 있는 사람이 말을 찬미하는 시를 낭독하며, 우승한 기수의 몸에 젖술과 신선한 우유나 양젖을 뿌려준다.

멍구 민족이 좋아하는 또 다른 스포츠는 씨름이다. 이 지역 사람들은 씨름 선수를 초원의 영웅으로 칭송한다. 네이멍구의 씨름은 규칙이나 방법·복장·시합 장소 등이 중국식 씨름이나 일본의 스모와는 달리 독특하다. 경기에 참가하는 선수의 수는 8, 16, 32, 64명 등 짝수로 정하며, 총 인원수가 홀수여서는 안 된다. 참가자는 민족과 출신 지역, 연령, 체중을 구분하지 않는다. 덕망이 높은 인사가 심판이 되어 전권을 가지고 대전 상대를 정하며, 이때 선수의 의견은 묻지 않는다. 시합은 대전 상대 중 승자가 진출하는 것으로 하며 한 번 시합할 때마다 절반이 탈락해 나가고 한 번의 시합으로 승부가 결정된다. 선수의 복장에도 신경을 많이 써서 하반신은 헐렁한 흰바지를 입고, 그 위에 각종 동물과 꽃문양을 수놓은 덧바지를 입는다. 또한 소가죽에 은이나 금으로 된 징이 박혀 있는 상의를 입는데, 등 부분에는 은실로 원형의 무늬나 상서로움을 뜻하는 '길상(吉祥)' 같은 글자를 수놓는다. 허리에는 홍·청·황의 삼색 비단으로 만든 천을 두르고, 몽골식 부츠나 말장화를 신는다. 우승자는 목에 오색 천을 둘러 마치 고대의 기사처럼 위풍당당하기 그지없다. 작은 풀밭이나 공

나담 대회의 씨름 시합

터만 있으면 구경꾼들이 가장자리에 둘러앉고 씨름 선수들은 한가운데에서 시합을 시작할 수 있다. 시합을 시작하기 전에 쌍방의 진영에서는 목청을 높여 응원가를 불러서 자기 선수의 기세를 과시한다. 응원가가 끝나면 선수들이 나와 관중에게 인사하고 바로 시합이 시작되는데, 상대 선수의 무릎 위 신체 부위를 땅에 닿게 하는 것으로 승부가 결정된다. 경기가 끝나면 승자는 패자를 부축해서 일으켜주고 악수를 청한다.

그들의 활쏘기에는 제자리에서 쏘기와 말을 타고 달리면서 쏘기의 두 가지가 있다. 활의 모양과 무게, 길이에는 제한이 없다. 보통 한 사람당 아홉 발을 세 발씩 세 차례에 나누어 쏘며, 가운데 과녁을 맞힌 수로 우열을 가린다. 최후의 승리자는 신궁(神弓)의 영예를 얻는다.

멍구족은 큰 소리로 노래 부르기를 즐긴다. 칭기즈칸 시절에 문자가 없어 말로 의사를 전달하다 보니, 기억하기 쉽게 노래로 만들어서 부른 것이 그 유래가 되었다. 민속 현악기 마두금(馬頭琴)은 대의 위쪽이 말의 머리 모양을 하고 있는 데서 그 명칭이 유래되었는데, 아름다운 선율로 초원의 유목민으로부터 큰 사랑을 받는 악기이다. 누군가는 그 선율이 어떤 화가의 색채나 시인의 언어보다도 아름답다고 묘사하기도 했다. 장엄하면서도 섬세한 가락이 울려 퍼지면 사람들은 이내 노래를 따라 부르고 곳곳에서 웃음소리가 만발한다. 그 선율을 듣고 있노라면 마치 드넓은 대평원을 오색구름처럼 수놓은 소와 말, 양떼들이 노니는 풍경이 눈앞에 펼쳐지는 듯하다. 듣는 이의 눈에서 눈물이 흘러내릴 만큼 애절한 선율은 감상적이 되게 한다.

손님의 방문은 집안의 경사

'네이멍구' 하면 광활한 초원, 쪽빛의 하늘, 갓 짜낸 고소한 양젖, 새하얀 하다(티베트족과 멍구족이 존경이나 축하의 뜻을 표할 때 쓰는 긴 천-옮긴이), 아가씨들의 아름다운 노래 소리가 떠오른다. 네이멍구의 아름다운 자연환경과 차가운 기후는 초원 사람들의 열정과 순박함을 키웠다.

이들의 마음은 광활한 초원처럼 넓고, 이들의 열정은 한여름의 태양처럼 강렬하다. 유목민들은 자신의 감정을 결코 숨기는 법이 없다.

순박한 네이멍구 사람들은 남녀를 불문하고 질투심이 없다. 그들은 모든 아이들을 자기 아이처럼 사랑하며, 남편들은 다른 남자들이 자신의 부인을 좋아하는 것마저 자랑으로 여긴다. 만약 옆 사람의 물건이 당신의 마음에 든다면 직접 마음에 든다고 말하라. 그러면 상대는 조금도 주저하지 않고 그것을 당신에게 선물할 것이다. 광활한 초원에 사람이 드물고 생존 조건이 열악하다 보니 가장 귀한 것이 사람이며 살아 있는 것들이다. 이들은 생명을 소중히 여기고 살아 있는 것들을 귀하게 여긴다. 네이멍구 사람들은 누구의 아이건 상관하지 않고 안아주고 귀여워한다. 말로만 그러는 것이 아니라 진심으로 살갑게 대하는 것을 느낄 수 있다.

멍구식 샤브샤브인 훠궈(火鍋) 요리에서 양고기가 빠져서는 안 된다. 채소가 약간 곁들여지는데, 그 양은 너무 적어서 겨우 장식으로나 쓸 정도다. 채소가 조금 들어갔다고 느끼할 거라 생각한다면 오산이다. 네이멍구의 양고기, 특히 강기슭 사람들이 먹는 양고기는 랑산(狼山)에서 키우는 양의 고기이다. 이곳의 초원은 조금도 오염되지 않았을 뿐 아니라 풀 사이에 약초들도 나 있어 그 풀을 먹고 자란 양의 고기는 맛이 담백하다. 순수한 녹색 식품이자 보양 식품인 멍구의 양고기는 기름기가 있으

게르를 짓는 모습
오랫동안 유목 생활을 해 온 멍구족은 물과 풀이 풍부한 곳을 찾아 게르를 짓고 생활했다.

면서도 느끼하지 않고, 고소하면서도 노린내가 나지 않아 그 맛이 일품이다.

당신이 네이멍구 초원에 간다면 그곳 사람들은 순박한 열정으로 언제나 당신을 환영할 것이다. 멍구의 전통 가옥 게르(Ger) 밖에서 양과 개가 짖는 소리가 들리면, 네이멍구인들은 서둘러 문 밖으로 나와 손님을 맞는다.

그들은 환영의 인사를 하고는 문발을 젖히고 당신을 안으로 안내한다. 그리고 자리에 앉은 후 담배와 차를 권한다. 이들은 손님의 방문을 집안의 경사로 여기며, 멀리서 오는 손님에게 연회를 열어 대접하는 것을 당연하다고 생각한다.

칭기즈칸은 "길을 떠날 때 식사를 하는 사람들의 곁을 지나게 되면 말

멍구 빠오(게르) 옆의 밥 짓는 연기
부지런한 멍구 여성들은 이른 아침부터 게르 밖에서 아
침 식사를 준비한다.

에서 내려 그들과 함께 밥을 먹을 수 있으며, 식사를 하던 사람들도 이를 거절할 수 없다"는 내용을 법으로 정해놓았다. 초원에서도 이것은 불문율로 통한다.

즉, 아는 사람과 낯선 사람을 가리지 않고 손님이 오면 주인은 언제나 친절하게 대접해야 하며, 예절에 어긋나는 행동을 해서는 안 된다는 것이다. 손님이 게르를 방문하면 주인은 음식을 대접해야 한다. 혹시 주인이 집에 없더라도 손님이 스스로 음식을 찾아 먹을 수 있으며, 주인은 이를 탓하지 않는다. 유목민들은 오래전부터 전해온 이 풍습을 아직까지도 지키고 있다.

기름진 고기와 독한 술을 벗 삼다

타 지역 사람들이 네이멍구에 오면 "들어갈 때는 서서 들어가지만 나올 때는 누워서 나온다"는 말이 있다. 네이멍구 사람들은 손님이 술을 잘 마시도록 하려면 주인이 쓰러질 정도로 마셔야 한다고 여긴다. 술을 잘 마시는 네이멍구 사람이 취해 쓰러질 정도라면 "손님이 누워서 나온다"는 말도 빈 말은 아닌 듯하다. 네이멍구에서는 주인이 건네준 술잔을 받아들고 손가락으로 술을 찍어 하늘과 땅, 이마에 세 번씩 튕기고 나서 마시는 풍습이 있는데, 손님의 입장에서는 입으로 들어가는 술의 양을 줄일 수 있어 좋다.

이 지방의 음식에는 기름진 고기와 독한 술이 빠지지 않는다. 지대가 높고 추운 지역에서 생활하려면 지방이 많고 칼로리가 높은 육식 위주의 식사가 필요하기 때문이다. 채소 몇 뿌리, 곡식으로 만든 죽 몇 그릇으로는 매서운 바람과 폭설, 미친 듯이 몰아치는 모래 바람을 견디기 어렵다. 또한 이곳의 지리 환경과 기후의 특징으로 긴 겨울 내내 먹을 만한 채소가 없는 것도 문제다. 이 일대에 절임 채소가 유명한 것도 이 때문이다. 생각해보라. 눈보라가 열흘도 넘게 지속될 때, 망망한 설원에서 바람만 크게 불어도 금방 날아갈 듯한 게르에 갇혀 기름진 양고기와 독한 술이라도 벗하지 않으면 그 혹독한 추위를 어떻게 견뎌내겠는가! 말 위의 민

손님을 극진히 대접하는 멍구 사람들
멍구 사람들의 일상생활에서 술이 빠질 수 없다. 그들은
대부분 젖술을 즐긴다. 말 젖과 산양의 젖, 낙타 젖으로
빚은 술 등이 있다.

족', '말 위의 문화'로 대변되는 멍구족에게 기름진 고기와 갓 짜낸 양
젖, 독한 술은 영원한 벗일 수밖에 없다.

그렇다고 해도 멍구 사람들은 독한 술을 워낙 잘 마신다. 이들이 빚는
술은 너무 독해서 웬만한 사람은 마시기 힘들 정도다. 네이멍구의 젖술
(乳酒)은 유목민 지역이 아니면 맛볼 수 없으며, 보통은 이과두(二鍋頭)
같은 고량주나 허타오라오자오(河套老窖 : 네이멍구의 양조회사 '허타오'에
서 제조하는 유명한 술–편집자 주) 같은 백주(白酒 : 배갈)가 대부분이다. 이
런 술은 순전히 곡식으로 빚어 도수가 높으며, 한 모금만 마셔도 마치 불
덩어리를 삼킨 듯 독하다. 몇 잔만 마셔도 온몸에 뜨거운 기운이 퍼지는

독한 술이어야 이 지방 사람들의 사랑을 받을 수 있다.

네이멍구 사람들은 술도 큰 잔에 따라 마시기를 좋아한다. 멍구족의 집에 손님으로 가면 은쟁반에 올려진 하다를 선사 받는 예우를 누릴 수 있다. 손님은 150ml 정도 되는 잔에 가득 따른 술 한 잔을 반드시 한입에 다 마셔야 한다. 그렇지 않으면 주인이 술잔과 하다를 받쳐 들고 노래와 춤을 계속하면서 마시기를 기다린다. 다행히 오늘날의 멍구족은 대부분 손님의 입장을 배려하여 적당한 선에서 그친다. 고기를 실컷 먹고 큰 잔에 술을 마시는 것은 산 지방 사람들 고유의 특징인데, 네이멍구도 마찬가지다. 그래서 네이멍구 문학 중 『강알이(江嘎爾)』라는 작품에는 "좋은 술과 고기가 있으면 이를 일 년의 식량으로 삼는다"라는 구절이 있다. 『제화축사(祭火祝詞)』에도 "우리는 당신께 젖술과 고기를 바칩니다"라는 시구가 있다.

우리는 당신께 향기로운 젖술을 바칩니다!
우리에게 가장 큰 복을 내려주기를 기원하며,
이 행복 속에서 영원히 살게 해주소서!

이들은 예로부터 술을 감로(甘露 : 온 세상이 태평할 때에 하늘에서 내린다고 하는 단 이슬―옮긴이)로 받들고, 인간 세상의 모든 즐거움의 원천이라고 생

멍구족의 모습
멍구족은 주로 네이멍구 자치구와 신장·칭하이·간쑤·헤이룽장(黑龍江省)·지린(吉林)·랴오닝(遼寧)에 분포해 있으며 닝샤·허베이·쓰촨·윈난·베이징 등지에도 흩어져 있다. 멍구라는 호칭은 당나라 때부터 시작되었으며 멍구의 여러 부락 중 하나의 이름이었다.

각했다. 하지만 시간이 흐름에 따라 점점 술을 금하고 연회도 평범해졌다.

따스함이 배어 있는 자연스러운 말투

멍구 민족은 친한 사람과 낯선 사람을 가리지 않고 처음 보자마자 다정하게 인사를 건넨다. 주인은 오른손을 가슴 앞으로 올리고 몸을 살며시 숙여 인사를 하며, 손님을 안으로 청한다. 멍구인의 전통 가옥인 게르 안에서 온 가족이 손님을 중심으로 둘러앉아 이것저것 안부를 묻는 모습은 마치 한 가족처럼 다정하다.

친절하고 소박한 주인은 손님에게 먼저 내차(奶茶 : 밀크티)를 대접한 후, 향긋한 버터와 소젖·양젖 등을 끓인다. 그리고 표면에 응결된 지방을 함유하고 있는 얇은 막인 유피(乳皮)와 향기로운 젖술, 기름에 튀긴 바삭한 과자와 볶은 쌀, 수태차, 치즈, 그리고 초원의 독특한 향미를 지닌 수배육(手抓肉)을 하나하나 손님 앞에 내놓고, 마음 놓고 먹고 마시게 한다. 주인은 손님에게 특별한 경의를 표하기 위해 차 주전자와 술 주전자를 하다의 상단에 올려놓는다. 때로는 환영과 우정을 표하는 노래와 춤을 곁들여 술을 권한다. 손님이 술잔을 받아 흔쾌하게 마시면 주인은 매우 기뻐한다. 연회에 특별히 귀한 손님을 청한 경우나 제사를 지낼 때에는 양털 깔개를 깔기도 한다. 손님이 돌아갈 때는 온 집안 식구가 나와 배웅하며 정중하게 살펴 가시라고 인사한다.

기본적으로 상냥하고 정이 넘치는 네이멍구 사람들은 친화력이 강해 외지 사람들과 잘 지낸다. 호탕한 멍구인의 기질 때문에 외부 사람들은 그들이 말하는 것도 거칠고 뻣뻣할 것이라고 여기기 쉬운데, 이는 한참 잘못된 편견이다. 처음 멍구인들을 만나면 건장한 체구에서 풍겨 나오는 부드럽고 친근한 목소리에 놀랄 것이다. 힘차면서도 온화하고 부드러운 분위기가 절묘하게 조화된 그들의 말투에 당신의 마음은 어느새 매료된다. 네이멍구 여인들이 쓰는 멍구 어투를 띤 중국어가 그 따스함을 보여주는 전형적인 예다. 따스함과 부드러움은 다르다. 부드러움에는 애교가 담겨 있으나 따스함은 자연스러움과 포용, 모성으로 충만한 평화로움을 풍긴다. 그들의 자연스럽고도 친절한 말투를 듣고, 온화하면서도 이해심 가득한 눈빛을 마주 하노라면 온몸의 긴장이 일시에 풀어지면서 금세 친밀함을 느끼게 된다.

멍구식 중국어는 성모와 운모, 성조가 중국 표준어와 완전히 같아서 한 글자씩 발음할 때는 별 차이를 느끼지 못한다. 그러나 단어를 연이어 발음할 때는 느낌이 달라진다. 그것은 글자와 글자의 박자와 길이가 다르기 때문이다. 멍구족은 문장의 후반부를 적당히 길게 늘여 발음하는데, 어기조사는 더욱 길게 발음한다. 의문형의 후반부를 올릴 때는 크게 한 번 꺾었다가 부드럽게 올린다.

발음 방식이 자연스럽고 억양이 지나치게 높지도 낮지도 않으며, 비음이 강하거나 목구멍에 걸려서 나는 소리, 혀끝에 걸리는 소리도 없다. 입모양도 일부러 삐죽 내밀거나 옆으로 벌리는 일이 없이 완전한 자연 상태에 두어 조금도 꾸미지 않은 마음의 소리를 내는 것이다. 베이징의 표준어가 기름진 느낌이고 타이완과 홍콩의 말투가 어색한 느낌이 강하며 둥베이의 말투가 거칠다면, 네이멍구 사람들의 말투에는 온정이 깃들어 있다는 표현이 적절할 것이다.

네이멍구에서의 금기 사항

네이멍구 사람들과 교류할 때에는 몇 가지 주의해야 할 금기 사항이 있다. 게르의 북서쪽 귀퉁이와 아궁이에는 절대 앉으면 안 된다는 것이다. 입구 바로 옆의 서쪽 지점에 앉거나 주인이 안내하는 대로 정북 방향으로 가서 동쪽을 따라 한 줄로 앉아야 한다. 날씨가 아무리 추워도 화로에 발을 쬐면 안 되고, 화로에 담뱃대를 붙이거나 침을 뱉거나 그 위를 넘어 드나드는 행위 또한 삼가야 한다. 채찍이나 몽둥이 같은 물건을 실내에 가지고 들어가서도 안 된다. 일부 지역에서는 아이를 낳은 집 처마 밑에 상징물을 걸어두는데, 사내아이를 낳으면 화살을, 여자아이를 낳으면 붉은색 천을 걸어둔다. 즉, 남자는 사냥을 하고 여자는 바느질을 한다는 의미다. 이런 상징물을 보았다면 그 집에 함부로 들어가서는 안 된다.

멍구족은 악귀를 물리쳐주는 신성한 대상으로 불의 신과 부엌을 관장하는 조왕신(竈王神)을 숭배한다. 따라서 멍구의 게르에 들어가서 아궁이에 발을 가까이 대고 불을 쬐여서는 안 된다. 젖은 신발을 신은 채 불을 쬐거나 아궁이를 발로 밟는 것은 더욱 금기시된다. 또한 아궁이에 담뱃불을 붙이거나 물건을 털거나 쓰레기를 버리는 행위도 금지된다. 칼로 화롯불을 돋우거나 칼을 불 속으로 찔러 넣는 행위, 또는 칼로 화로 속에서 고기를 꺼내는 행위는 모두 삼가야 한다. 또한 이들은 물을 순결한 신의 영혼이라고 여긴다. 그래서 강물에 손을 씻거나 목욕하는 것을 금한다. 더러운 옷을 빨거나 깨끗하지 않은 물건을 강물에 던져서도 안 된다. 초원은 물이 부족한 곳이라 유목민은 물을 절약하고 물의 청결함을 유지하는 데 힘써왔으며, 물을 생명의 근원으로 여겨왔다.

유목민 가정에서는 중병 환자나 위급한 환자가 있을 때 게르의 왼쪽에 끈을 달고, 그 한쪽 끝을 동쪽에 묻어 놓아 집안에 중병 환자가 있으니 손님을 맞을 수 없다는 사실을 알린다. 유목민의 집을 방문할 때는 게르에 들어가거나 나올 때 문지방을 밟아서는 안 된다. 옛날에는 실수로라도 몽구족의 왕 칸(Khan)이 거주하는 게르의 문지방을 밟을 경우 즉각 사형에 처해졌는데, 이러한 풍속은 오늘날까지 전해진다. 그 밖에도 낯선 사람이 아이의 머리를 손으로 만져서는 안 된다. 이 지역 사람들은 낯선 사람의 손은 불결해서 아이의 머리를 만지면 아이의 발육에 안 좋은 영향을 끼친다고 여긴다.

유목민의 집을 방문할 때는 말을 천천히 몰아 주인의 영접을 기다려야 한다. 또한 집을 지키는 개의 동정을 잘 살피면서 천천히 말에서 내려 갑자기 달려든 개에게 물리는 일이 없도록 해야 한다. 절대로 개를 때리거나 개에게 욕을 하거나, 또는 게르 안으로 뛰어들어서는 안 된다. 게르에 들어가면 일단 옷매무새를 단정히 해야 하며, 소매를 걷거나 옷자락을 허리띠에 끼워 넣어서는 안 된다. 말채찍을 들고 들어가서도 안 된다. 말채찍은 문 오른쪽에 세워두고 들어가야 한다. 제단 앞에 앉아서도 안 된다. 이런 금기를 어기면 주인은 손님이 예의범절도 모르고, 자기 민족의 풍습을 존중하지 않는 사람이라 여겨 냉대한다.

호시도(互市圖)
멍구와 명나라의 호시(互市) 무역이 번성하던 시절을 묘사했다. 멍구족의 가옥인 게르를 통해 풀이 있는 곳을 따라다니며 살던 그들의 생활을 엿볼 수 있다.

네이멍구 사람과 관계 맺기

네이멍구 사람들은 사업도 성실하게 한다. 웨이신 그룹(維信集團)을 예로 들어보자. "현재 초원의 아름다운 아가씨는 모두 용감한 기수에게 시집가기를 원하며, 유목민은 가장 좋은 양털을 웨이신에 팔기 원한다." 이 말은 이미 허타오(河套) 초원의 유행어가 되었다. 초원에서 유목민은 웨이신 그룹의 양털 구매 담당자를 귀빈으로 대한다. 유목민들은 웨이신 그룹 사람들이 멍구 사람들과 같이 신용을 중시하며 넓은 가슴을 지녔다고 생각한다. 10년이라는 짧은 기간에 웨이신 그룹은 네이멍구 사람들의 성실함과 신뢰, 초원의 경쟁력을 바탕으로 세계 최고의 양털과 양털 제품을 생산할 수 있었다. 웨이신 그룹의 대표는 그의 경영 철학을 다음과 같이 소개한다. "사장은 사람을 근본으로 여기고, 금전적으로 손해를 보더라도 신용을 잃어서는 안 된다. 성실한 노동으로 정정당당하게 돈을 벌어야 한다." 이것은 초원 사람들의 생활 철학이기도 하다.

호탕한 네이멍구 사람들은 타지 상인들을 "멀리서 온 친구"라고 부른다. 네이멍구 출신과 거래하려면 솔직하고 성실해야 하며 진지해야 한다. 물론 술도 빠지지 않는다. 이때 중요한 것은 주량이 아니라 술을 마시는 예절, 즉 주도(酒道)다. 술을 따라 버리거나 불평해서는 안 되며, 그들의 순박한 풍속을 있는 그대로 받아들여야 한다. 비록 술을 마시다가 쓰러지는 한이 있더라도 말이다. 그러면 네이멍구의 상인들은 당신을 용기 있고 성의 있는 사업 파트너로 인정해줄 것이며, 그 거래는 틀림없이 성사될 것이다.

네이멍구 사람들은 경제관념이 강하지 않아 그동안 많은 타지 사람들이 그들과의 사업에서 이익을 취할 수 있었다. 후룬베이얼(呼倫貝爾) 대초원은 세계적으로도 보기 드문 비옥한 토지다. 소와 양이 한가로이 풀을 뜯고, 말은 살이 올라 튼실하다. 그러나 안타깝게도 이들은 이렇게 훌륭한 자원을 시장가치로 전환시키지 못하고 있다. 네이멍구 최대의 유제품 가공 기업은 베이징 싼위안(北京三元)에 합병되어 싼위안의 원료 공급 기지로 전락했다. 또한 다른 국유 유제품 기업도 몇십 년 동안 우수한 제품을 생산해왔지만, 개혁과 개방이라는 절호의 기회를 맞이하고도 상품을 전국 시장에 판매하지 못했다. 그 밖에 네이멍구에는 순수 야생 과일로 술을 제조하는 과일주 제조 기업도 있는데 이곳에서 생산하는 술은 맛도 좋고 영양가도 높아서, 베이징의 상점에서 흔히 볼 수 있는 한 병에 몇십 위안짜리 과일주보다도 상품가치가 높다. 그러나 이런 술이 단돈 몇 위안에, 그것도 현지에서만 판매되고 있는 실정이다. 그나마 개혁 개방이 진행되면서 네이멍구의 기업 이리(伊利)와 멍뉴(蒙牛)가 중국 내 유명 기업의 반열에 오른 정도다.

텐진

天津

타고난 유머의 도시

텐진은 타고난 유머의 도시다. 택시를 탔을 때 나이 많은 기사가 어린 손님에게 "형님, 어디로 모실까요?"라고 묻는다면 외지인은 순간 당황할 것이다. 그러나 텐진의 택시 기사에게 '형님', '누나' 같은 호칭은 자연스럽다. 이는 텐진 사람들이 지나치게 예절을 지켜서라기보다는 그들의 천성적인 유머감각 때문으로 보아야 할 것이다.

톈진 사람들에게서는 북방인의 호쾌함과 인정미가 느껴진다. 낯선 외지인이 톈진에 와서 길을 묻거나 도움을 요청하면 베이징·상하이에 비해 훨씬 쉽게 도움을 받을 수 있다. 톈진 사람들은 순박하고 선량하며 외지인을 배척하지 않는다. 택시 기사들도 손님의 물건을 들어주거나 고장의 풍속을 소개해주는 등 다른 대도시의 택시 기사들에 비해 훨씬 친절하다. 톈진 사람들의 의식은 도시와 농촌 사람들의 중간에 있어 남녀를 불문하고 가볍지 않고 함부로 흔들리지 않으며, 가정적이고 유유자적한 생활을 즐긴다.

1980년대에 선전(深圳)에서 바이미미(白咪咪)라는 댄스 가수가 톈진에 와서 콘서트를 열었다. 이 가수는 극적인 효과를 위해 공연 도중 갑자기 조명을 모두 꺼버렸다. 모두 정전이라고 생각하는 순간 한 줄기의 빛이 무대 중앙을 비췄을 때 흰 가운을 입은 바이미미가 마치 고양이 같은 자세를 취하고 서 있었다. 장내는 갑자기 조용해졌다. 이때 바이미미가 갑자기 가운을 벗어젖히더니 비키니만 입은 몸을 드러냈다. 톈진 사람들이 어디 그런 장면을 본 적이나 있겠는가! 모두들 압도당한 듯 멍하니 보고만 있을 때 관중석에서 누군가가 외쳤다. "언니, 그렇게 다 벗다가는 얼어 죽어요." 이 말에 객석은 폭소의 도가니가 되었다. 이것이 곧 톈진 사람들이다. 그들은 남에게 압도당하는 것을 싫어하면서도 그들만의 독특한 방식으로 관계를 전환하는 재주가 있다. 공연은 대성공을 거두었다. 타인을 향한 톈진 사람들의 당당함과 오만함은 때때로 블랙유머로 나타나기도 한다. 이 에피소드에서도 톈진 사람들의 당당함을 엿볼 수

톈진 시내 전경

있다.

그들의 이러한 성품은 일에 대한 열정을 떨어뜨리기도 한다. 이들은 원저우(溫州) 사람들이 구두 고치는 일로 푼돈을 버는 것을 우습게 보고, 광둥 사람들이 큰돈을 버는 것도 대수롭지 않게 생각한다. 원저우나 광둥 사람들은 장삿속이 빠르고 너무 계산적이니 자기들은 그런 일을 해서까지 돈을 벌고 싶지 않으며, '착한' 톈진 사람이라면 그런 일을 할 수 없다고 여기기 때문이다. 톈진 사람들은 다른 사람이 자기의 이익을 해쳐도 웬만하면 참으려 애쓴다.

톈진만큼 낯선 사람들에게 친근한 호칭을 쓰는 도시도 없다. 이들은 자기보다 나이가 많은 사람은 모두 '영감님', '아주머니' 라고 부르고, 자기와 비슷한 연배는 '오빠', '언니', '누나', '형' 으로 부른다. 이런 가족적인 호칭은 톈진 사람들의 화목한 대인관계와 가정과 고장을 지키는 전통을 보여준다. 이들은 톈진에서 어렵게 살더라도 외부에 나가 일하기를 꺼린다. 가정과 고장에 대한 집착은 톈진 사람들의 전형적인 특징이다. 가정교육은 상당히 큰 작용을 하며 도시 생활에도 큰 영향을 미친다. 이를테면, 직장일이 끝나면 시계처럼 일찍 집에 가는 습관 때문에 톈진의 밤은 단조롭기 그지없다.

참기만 하는 그들은 소문자 A형?

한 숙소에 여섯 사람이 있다. 그중 후난 사람이 밤에 촛불을 밝히고 책장을 소리 내서 넘기며 다른 사람의 잠을 방해했다. 며칠이 지나자 둥베이 사람 둘도 촛불을 사서 밝히고 책을 보고 잡담을 했다. 광둥 사람은 두꺼운 커튼을 드리우고 혼자서 책을 보거나 잠을 잤다.

텐진 사람은 다른 사람하고 몇 마디 말을 나누다가 졸리면 이불을 뒤집어쓴 채 "난 그만 잘테니 자네들도 그만 자지" 하면서 잠을 청했다. 옆에서 떠들면 잠을 잘 수 없지만 그렇다고 불합리한 상황을 개선하거나 맞서 싸우려 하지 않는 것이다. 둥베이 사람들처럼 "네가 한다면 난 더 심하게 해주겠다"는 오기도 없으며 광둥 사람처럼 은밀하게 화내는 법도 없다. 광둥 사람이 후난 사람에게 아무 말도 하지 않는다 해서 불만이

텐진 구시가

없다고 생각하면 오산이다. 그는 다른 일로 갚아줄 궁리를 하고 있을 뿐이다. 둥베이 사람들의 마음은 오히려 편하다. "네가 떠드니 나는 그보다 더 떠들어주면 된다"라는 심리다. 그러나 톈진 사람들은 그냥 참는다. 그것도 억지로 참는 것이 아니라 자기가 좀 손해 보고 말면 그만이라는 식이다. 그렇다 보니 평소 불공평한 일을 당해도 이를 시정하려는 노력을 하지 않는다. 이것이 오랜 습관으로 굳어져 경제의 건강한 발전을 방해하기도 했다.

스트레스 쌓이니까 그냥 웃지요

천성이 낙천적인 톈진 사람들은 인생의 엄숙한 과제를 희화화하는 경향이 있다. 이런 태도는 그들의 생활환경과 밀접한 관계가 있다. 톈진은 아홉 개의 강이 바다로 흘러가는 항구도시다. 생존경쟁이 치열한 이곳에서 가족을 부양하며 살아가기란 결코 쉽지 않다. 그래서 삶의 스트레스를 풀기 위해 스스로 즐거움을 찾을 수밖에 없었던 것이다. 길을 가다 넘어져 진흙 구덩이에 빠져도 "허허, 이 어르신이 진흙 이불로 뛰어 들었구면" 하고는 툭툭 털고 일어나서 가던 길을 간다.

톈진 사람들의 말 속에도 낙천적인 태도가 묻어난다. 식품가게에서 두

부 요리를 사서 먹던 한 남자가 갑자기 종업원에게 다가가 물었다.

"이 두부 한 그릇에 얼마라고 했죠?"

"1위안이에요."

"한 그릇에 1위안이란 말이죠?"

"그래요."

그러자 남자가 이렇게 말한다.

"근데 왜 방금 나한테는 1위안에 반 그릇만 준거죠? 난 또 두부 값이 올랐나 했지 뭐요?"

종업원은 아무 말도 하지 못하고 옆에 있던 사람들은 우스워 죽을 지경이다. 이 남자는 두부를 다 먹고 양이 적다는 불만을 이렇게 돌려 말한 것이다.

반면에 이런 장면도 있다. 두 사람이 길을 가다 서로 시선이 마주쳤다.

"뭘 봐?"

"보면 안 돼?"

"뭐라고?"

"그냥 봤다. 왜?"

이렇게 해서 싸움이 일어나는 일도 다반사다. 싸움을 하면서도 이치를 따지기보다는 한쪽이 고개를 숙이면 그냥 싱겁게 끝내고 만다. 과거 조계지(租界地 : 청나라 말 열강 등의 중국 진출로 인하여 중국이 타국에 임대하여 준 지역을 말한다. 톈진에는 영국 · 프랑스 · 미국 · 독일 · 오스트리아 · 벨기에 · 러시아 · 이탈리아 · 일본의 조계지가 있었다-옮긴이)였던 톈진에는 두 개의 세계가 존재했다. 순박한 도시의 다른 한쪽에는 상하이에 뒤지지 않을 정도로 세련된 면모가 보인다.

하지만 안타깝게도 오늘날 톈진 사람들은 과거의 장면과 지금의 도시 모습을 연결하려 하지 않는다. 톈진이 발전하려면 먼저 도시의 역사와 기질부터 정확히 판단해야 한다. 문학 작품에서도 톈진 사람들은 거칠고 속된 이미지로 굳어져 있지만, 실제 톈진 사람들의 성격은 매우 복잡하다. 항구도시의 분방한 면이 있는가 하면 조계지의 호화로움과 섬세한 면도 있다. 그들의 성격도 계속 변화하고 발전하는 중이다. 항구 문화에서 유래된 거친 면이 점점 약화되고 있다. 톈진의 치안이 전국 대도시 중 가장 좋다는 통계가 이를 증명한다. 톈진을 제대로 알아야 톈진 사람들을 객관적으로 평가할 수 있다.

안심하며 살고 싶으면 톈진 남자를 찾아라

북방 남성들은 걸핏하면 자기를 '어르신'이라고 부른다고 했는데 톈진 남자들은 더 심해서 스물대여섯 살밖에 안 된 젊은이가 "이 어르신네가 어쩌고저쩌고……" 하는 말을 아무렇지도 않게 한다. 다른 사람이 옆에서 잔소리라도 하려고 하면 "이 어르신네가 어찌 네 말을……"이라고 말한다. 즉 남자가 머리에 피도 안 마른 어린아이로부터 어찌 이래라저래라 하는 소리를 듣겠냐는 것이다. 그렇다고 해서 톈진 남자들이 남성 우월주의에 사로잡혀 있는 것은 아니다. 톈진 남성은 큰 키에 떡 벌어진 어깨, 북방 지방 특유의 우월한 외모를 가지고 있다. 여기에 어릴 때부터 해양 도시에서 자라 음색과 음량이 하나같이 아름답고 맑다. 겉모습만 보고 남성 우월주의라고 판단하는 것은 오해에 불과하다. 돈을 벌고 싶으면 선전(深圳) 남자를 찾고, 즐겁게 놀고 싶으면 베이징 남자를, 안심하고 살고 싶으면 톈진 남자를 찾으라는 말이 있다. 하지만 그 전에 알아둘 것이 몇 가지 있다. 이 몇 가지를 감수할 수 있으면 톈진 남자와 연애를 해도 무방하다.

첫째, 톈진 남자는 낭만을 모른다. 커피숍이나 음악회를 가느니 같은 돈을 주고 샤브샤브를 먹는 게 낫다고 생각한다. 아니면 그 돈을 아껴두었다가 추운 겨울을 날 당신을 위해 따뜻하지만, 결코 예쁘지는 않은 털장갑이라도 살 것이다. 둘째, 톈진 남자는 유행에 둔감하다. 프티부르주아(petit-bourgeois), 보보이즘(bobo-ism), 보헤미안(bohemian) 같은 신조어는 가볍고 실속 없는 것이라 여기며 거들떠보지도 않는다. 셋째, 톈진 남자는 타협을 모른다. 이거다 싶은 사람이나 일에는 전폭적인 신임을 보내며 대가를 바라지 않고 끝까지 의리를 지킨다. 마지막이자 가장 중요한 한 가지 흠으로 텐진 남자들은 돈이 없다. 그러나 한 가지 확실한 것은 매달 정해진 날이면 어김없이 한 푼도 축내지 않고 월급을 봉투째 당신에게 갖다 바치리라는 것이다.

성질 사납기로 제일인 텐진 아가씨

아름답고 새침한 여인의 입에서 걸쭉한 욕이 튀어나온다고 이상하게 생각하는 텐진 사람은 없다. 그만큼 텐진 여자들은 입이 거칠다. 조금만 놀림을 당해도 "○○ 같으니, 죽고 싶어 환장했나?"라는 욕을 거침없이

민국(民國) 초기의 텐진 여인
앞머리를 내리고 치파오를 입은 텐진 여인들. 꼿꼿한 몸매와 자신감 넘치는 눈빛에서 약한 여인의 모습은 찾아보기 어려우며, 여장부의 느낌이 난다.

내뱉는다. 초등학생을 붙잡고 "학생, 기차역 어디로 가지?", "꼬마야, 길 좀 물어보자"라고 하면 거들떠도 안 보고 가던 길을 간다. 하지만 "따제(大姐 : 언니), 길 좀 물어볼까요?"라고 하면 금세 친절한 얼굴로 길을 가르쳐 준다. 아무리 어린 꼬마에게도 무조건 '따제'라고 불러줘야 통하는 곳이 톈진이다. 같은 직할시이면서도 베이징 · 상하이 여성에 비해 톈진 여성은 별로 부각되는 면이 없지만 성질 사납기로는 톈진 아가씨가 단연 으뜸이다. 청춘 남녀가 데이트하다 길에서 싸움이 났다고 가정하자. 베이징 여성은 최대한 거만하게 남자를 노려보다가는 몸을 획 돌려서 가버린다. 상하이 여성은 애교 섞인 목소리로 한참 불만을 늘어놓다 결국 남자에게 사과를 받아낸다. 남자의 정강이를 사정없이 걷어차 비명을 지르게 한다면 물어볼 것 없이 톈진 여성이다.

톈진 여인의 '야성(野性)'은 하루아침에 길러진 것이 아니다. 강희 황제와 건륭 황제가 다스리던 태평성대에는 소금 상인과 양곡 상인들이 해상과 운하를 오가며 장사를 했다. 톈진은 남쪽의 화물을 베이징으로 보내는 교통의 요충지였기 때문에 장사꾼이 많이 모여들었다. 그런데 화물 운송업에 종사하는 사람 중에는 톈진 여성들도 꽤 있었다. 장사를 하다 보니 그녀들이 협객 분위기를 즐긴다는 것을 알게 되었는데 외국의 조계지에서 일을 하는 여성들도 이런 분위기를 한몫 거들었다. 톈진 여성들은 시원시원하기로 유명하다. 그녀들의 성격은 둥베이의 호쾌함과는 약간 차이가 있다. 둥베이 여인들이 큰 소리로 말하고 술도 즐겨 마시는 천성적인 호방함이 몸에 배어 있다면 톈진 여성들은 솔직하고 직선적이다. 그녀들은 좀처럼 꾸미거나 감추지 못하고, 좋으면 좋고 싫으면 싫다는 의사를 확실히 표현한다. 또한 상대방에게 애교를 떨거나 대접하는 말투를 극도로 싫어한다. 그렇다고 톈진 여성들이 분위기를 모른다고 생각하면 안 된다. 또 당신에게만은 나긋나긋하게 해줄 것이라고 기대해서도 안 된다. 그녀가 당신 앞에서 데면데면하게 구는 것은 당신을 진정한 친구라고 생각하기 때문이다. 톈진 여인들은 자신들이 현실적이고 생활력이 강하다고 여긴다. 남자들이 공연히 아는 척하다가는 "무슨 말인지 잘못 알아듣겠으니 집에 가서 사전을 찾아봐야겠네요"라는 대답을 듣기가 십상이다. 톈진 여인들은 다 참아도 부당한 대우를 받는 것은 못 견딘다. 물론 그녀들도 유행을 좋아하고 예쁘게 꾸미기를 좋아하며 자신을 소중하게 생각한다.

톈진 여인들의 관심을 끄는 것이 또 하나 있으니, 그것은 바로 돈이다. 애인이 생겼다고 하면 다짜고짜 "남자 집에 갔었어? 얼마나 받았니?"라는 질문부터 나온다. 상대를 얼마나 사랑하는지 따위는 관심 밖이다. 중국에는 견면례(見面禮)라는 풍습이 있어서 결혼할 여자가 남자 집에 처음 방문하면 남자의 부모가 여자에게 첫 대면을 기념하는 선물로 돈을 준다. 톈진 여성들은 이 돈의 액수로 자신이 상대 남자에게 얼마나 중요한 위치를 차지하는지를 가늠하며, 돈의 액수가 마음에 차지 않으면 결혼을 파기해버리기도 한다.

톈진 여성들은 호탕하면서도 허영심이 많다. 결혼할 때는 중국의 풍습대로 신랑측에서 주는 예단 값으로 결혼 생활에 필요한 물건을 장만하고 나서 사들인 물건을 신혼집으로 실어 나른다. 그리고 물건을 담았던 빈 상자를 신부측에서 회수하여 혼수품을 포장하는 용도로 삼는다. 결혼식 하루 전날, 신랑측이 차와 사람을 보내 겉에 '囍(희)' 자가 새겨진 TV · 냉장고 · 세탁기 · 에어컨 · 전자레인지 등 신부측의 혼수상자를 나르는데 그 규모가 트럭 몇 대는 동원해야 할 정도로 어마어마하다. 재미있는 것은 대부분이 빈 상자라는 사실이다. 남편의 돈으로 물건을 사서 신혼집에 다 보내놓고 빈 상자만을 모아 '혼수'라고 보내는 이 풍습은 양쪽 집의 체면을 다 살리면서도 허영심까지 충족시켜준다. 톈진 여성들의 영악함이 여기서도 드러난다.

톈진도 다른 지역에서 이주해 온 사람이 많아 진정한 토박이는 많지 않다. 새로 이주해 온 사람들도 톈진 여인들의 성격을 계속 이어나가고 있다. 결혼을 하고 난 후에는 톈진 여성들도 많이 부드러워지며, 부득이한 경우가 아니면 쉽게 이혼을 하지 않는다. 이들의 성격은 "칼처럼 날카

로운 입, 두부처럼 어진 마음(刀子嘴, 豆腐心)"이라는 속담처럼, 겉보기에
는 강하나 내면은 한없이 부드럽다. 톈진 여성을 제대로 모르는 사람들
이여, 충분한 인내와 용기를 갖추지 않았다면 그녀들을 사랑할 마음을
당장 접으라.

즐거운 중국식 만담, 상성

　톈진 사람들의 문화·오락 생활은 다채롭다. 중국식 만담인 상성을
좋아하는 이 지역은 상성의 대가를 즐비하게 배출했다. 지금은 저세상
사람이 된 마싼리(馬三立)도 이 지역 출신이다. 어느 날 마싼리가 아파서
병원에 입원했는데 팬들이 보내온 꽃다발과 꽃바구니가 병실 안에 가득

19세기 톈진의 극장(동판화)
하천 옆에 지어진 이 극장은 외부에서 무대를 볼 수 있
게 사방이 뚫려 있다. 무대 위에는 10여 명이 전통음악
을 연주하고 있으며, 인근 건물이나 무대 주위, 강에 떠
있는 배 위에도 관객들이 가득하다.

했다. 병원장이 회진하고 돌아가는데 마싼리가 말했다. "미안하지만 병실 문 앞에 쪽지 한 장만 써 붙여주시겠소?" 병원장이 무슨 내용을 쓸 것인지 묻자 '꽃바구니 판매 대행'이라는 문구를 붙여달라고 했다. 상성의 대가답게 몸이 아픈 상황에서도 유머를 잃지 않은 것이다. 톈진에서는 허름한 소극장식 찻집에서 상성을 공연하는 경우가 많다. 객석과 무대는 거의 차이가 없고 이곳저곳에서 차를 따르는 소리와 음식 먹는 소리에 섞여서 상성 공연이 진행된다. 관중 속에는 나이 많은 사람뿐 아니라 젊은 부부나 데이트족도 눈에 띈다. 듣고 있다가 재미있는 대목이 나

톈진 구러우(鼓楼) 상가
톈진 구러우 상가는 톈진의 풍치 거리로, 톈진 전통 민속 문화, 상업, 식당이 많다. 사람들은 관광이나 쇼핑을 통해 톈진의 전통문화를 맛볼 수 있다.

오면 너나 할 것 없이 큰 소리로 웃는다. 그러다 보면 무대 위아래가 서로 한 덩어리가 되어 형식을 따지지 않고 웃고 즐긴다. 웃어야 할 때 웃고 박수쳐야 할 때 박수치며, 적당한 순간 음식을 먹고 차를 마신다. 이런 모습을 보고 있으면 공연을 진정으로 즐기는 방법이 무엇인지 생각해보게 된다.

톈진 사람과 관계 맺기

톈진은 풍부한 상업 문화가 발달한 대도시다. 톈진 상인들의 장사 철

톈진 문묘(文廟)
톈진 문묘는 톈진 구시가지 동문에 위치한 공자의 사당이다. 무묘(武廟)의 상대적인 뜻인 문묘는 완벽하게 보존된 고대 건축물로, 문화적 사상과 자손 대대로 내려오는 톈진의 순박하고 선량한 본성을 고스란히 담고 있다.

학은 분명하다. 이들은 돈을 벌게 해주는 재물의 신을 섬기면서도 고객을 마치 부모처럼 대하며 물건을 사든 안 사든 똑같이 친절하게 대한다. 동업을 할 때도 의를 중시하며 집안 친척을 장사에 끌어들이지 않는 철저한 기업 정신을 고수한다. 상도의를 지키는 이들의 철칙은 입에서 입으로 전해져온다.

톈진 상인은 비즈니스를 할 때도 절대 속이는 일이 없다. 이들은 과학을 숭상하고 신의를 지키며 실용적인 경영 원칙을 고수한다. 이런 상업 문화는 국제관례와도 들어맞아 오늘날 양호한 투자처로 꼽힌다.

명품 브랜드를 만들어 제대로 사업하고 싶다면 톈진 상인을 찾으면 된다. 이들의 창조 정신은 당신에게 큰 도움이 될 것이다. 톈진의 제품은 안심하고 사도 된다. 톈진 사람들은 원료나 제품을 팔 때도 품질을 중시하여 결코 3등품을 1등품으로 속이지 않는다. 상업의 발달과 상인계급의 대두는 톈진 사회에 큰 활력을 가져다주었다. 상인들은 기회를 장악하고 정보에 민감하며 효율적이다. 따라서 톈진 사람과 사업할 때는 꾸물거리다가 기회를 놓치지 말고 과감하게 행동에 나서는 것이 중요하다.

허베이

河北

수신제가치국평천하
(修身齊家治國平天下)

의협심이 많고 솔직한 허베이 사람들과 친구가 된다는 것은 매우 유쾌한 일이다. 이들은 주변의 어려움에 몸을 사리지 않고 도움의 손길을 내민다. 정의감과 의협심은 허베이인의 기본 자세다. 또한 온순함 뒤에 감춰진 반항심과 급한 성격에도 유의해야 한다. 이들은 웬만한 일에는 인내심을 발휘하지만, 더는 당할 수 없다고 여길 때는 거침없이 반항하고 투쟁한다.

중원에 있는 허베이는 춘추전국시대에는 연(燕)나
라와 조(趙)나라 지역이었다. 중국 고대 문명의 발상지라고 전해지며 그
유구한 역사와 특수한 지리적 환경으로 특유의 문화적 품격을 형성했다.
북부는 고산 지대, 남부는 평원 지대로 나누어지며, 농경 문화와 유목 문화
의 중간 지대에 있어 물자가 풍족하고 부지런하기만 하면 안정된 생활을
누릴 수 있었다. 그래서 사람들의 성격도 작은 것에 만족할 줄 알며 온건하
다. 허베이 사람들의 기질은 이성적이고 강건하다. 이는 감정적이고 유순
한 남방 사람들의 성격과 대조적이다. 허베이의 지리적 위치는 중국의 북
방이다. 그래서 날씨가 맑은 날이 많고, 사람들은 어려서부터 넓은 평원에
서 호연지기를 기르며 강건하게 자라났다. 쉽게 개발할 수 있는 자연환경

정월대보름의 등(燈)시장
정월대보름에 가장 붐비는 곳은 등시장이다. 청나라
시대의 이 원소등시도(元宵燈市圖)는 꽃등을 걸어놓고
사람들이 왕래하는 떠들썩한 정경을 표현했다.

속에 살면서 사람들의 관심은 자연에서 사회로 옮아갔으며, 사람과 사회
의 조화를 생각하게 되었다. 자연히 이성적으로 세상을 대하는 성품이 형
성되었다. 또 중국 문화의 발상지답게 유교 사상의 영향이 깊어서 "마음과
몸을 잘 닦아야 가정이 화목하고, 가정이 화목해야 나라가 안정되고, 나라
가 안정되어야 천하를 안정시킬 수 있다"라는 수신제가치국평천하(修身齊
家治國平天下)를 중시했다.

외부의 침략이 만들어낸 애국 영웅들

허베이 사람들의 정신에는 사회의식과 정치의식이 조화되어 있다. 이

들의 정신세계는 외부의 침략에 강력하게 저항한 애국심으로 나타난다. 허베이에서는 수많은 애국 영웅들이 배출되었으며 항일전쟁 시기에는 강경한 투쟁 정신으로 지뢰전과 유격전을 펼쳐 쾌거를 이루기도 했다. 애국은 허베이 사람들의 정신이요 가장 두드러지는 품격이다. 지리적 위치와 역사적 원인으로 인해 오늘날 허베이 사람들에게는 몇 가지 특징이 형성되었다.

첫째, 전통과 예의를 중시하지만 진취적인 기상은 상대적으로 떨어진다. 유교 문화는 중국의 주류 문화로서 허베이에서 특히 그 영향력을 키웠다. 한편 허베이는 원·명·청 시대에는 수도와 가까웠기 때문에 통치자가 방비에 신경을 쓴 지역이기도 했다. 조정에서는 이 지역 주민들에 대한 충성심 교육을 게을리 하지 않으면서 일단 모반자가 나타나면 폭력으로 진압했다. 그렇다 보니 이 지역 사람들은 조정에 대해 순종적인 태도를 취하게 되었다. 둘째, 허베이 사람들은 분수를 지키고 살며 모험심이 부족하다. 이 지역은 평원과 산지의 비율이 반반인데 평원에 사는 인구가 절대적으로 많다. 풍요로운 곡창 지대이기 때문에 먹고사는 데 문제가 없어 모험할 필요를 느끼지 않았던 것이다. 셋째, 온화하고 예절 바른 겉모습 뒤에는 강인함과 반항 정신이 감추어져 있다. 국경에 인접한 지대라 직접 외부와 접촉할 기회가 많았다. 특히 베이징과 그 북쪽 지역은 중원을 둘러싼 소수민족과의 싸움이 자주 벌어져 다른 지역보다 훨씬 큰 괴로움을 겪었다. 그래서 허베이 지역은 순종적인 성격 뒤에 반항 정신을 숨긴 사람들이 많다. 특히 괴롭힘을 당하다 참을 수 없을 지경에 이르렀을 때 일으키는 이들의 반항은 통치자에게 큰 위협이 되었다. 넷째, 허베이 사람들은 단결력이 강하지 않으며 고향에 대한 집착이 크지 않다. 대부분 평원에서 성장한 이들은 가혹한 자연조건과 투쟁하지 않고도 사는 데 지장이 없었다. 아마 이런 점 때문에 고향에 대한 애착과 서로 협력하는 정신이 강하지 않은 것 같다.

이런 문화적 특징으로 말미암아 허베이 사람들은 자신을 요란하게 내세우기 보다는 신중한 성격을 갖게 되었다. 허베이의 문화 정신을 널리

청더(承德) 피서산장(避暑山莊)
피서산장은 청더시 북부에 있는 중국 현존하는 최대 황가원림(皇家園林)이며 유명한 문화재 풍치지구이다. 청나라 때 피서산장은 청 정부가 북경성 밖에 별도로 구축한 정치 중심이며 현재 세계 문화유산 명단에 올라있다.

떨치고 문화의 동력을 일으키려면 강력한 문화적 리더십이 있어야 하는데 베이징과 톈진 지역 없이는 중심축이 없으며 문화적 활력도 떨어진다. 그나마 베이징·톈진 두 직할시의 문화적 영향력으로 허베이의 문화를 발전시킬 수 있는 것이 다행이라 하겠다.

무협의 중심지

허베이는 무협의 중심지로도 유명하여 고대부터 현재까지 많은 무술의 고수를 배출하고 있다. 이 지역 출신의 권법 고수들은 전국으로 퍼져나가 자신들의 무술을 전수하고 무술 운동을 제창하여 탁월한 공을 세우기도 했다. 과거 연나라와 조나라 무인의 의협심을 이어받아 나라의 위세를 떨친 무림의 호걸도 많았다.

의협심 많고 솔직한 허베이 사람들과 친구가 된다는 것은 매우 유쾌한 일이다. 이들은 주변의 어려움에 몸을 사리지 않고 도움의 손길을 내민다. 정의감과 의협심은 처세의 기본이다. 또한 온순함 뒤에 감춰진 반항심과 급한 성격에도 유의해야 한다. 이들은 웬만한 일에는 인내심을 발휘하지만, 더는 당할 수 없다고 생각될 때는 거침없이 반항하고 투쟁한다. 이러한 태도는 통치자들도 놀랄 정도였다. 허베이 농민의 봉기는 중

역수송별도(易水送別圖) 오력(吳歷)

형가(荊軻)는 전국시대 때 연(燕)나라 태자 단(丹)의 수하였다. 진시황(秦始皇)을 암살하기 위하여 진나라로 떠나기 전 죽음을 각오하고 역수 강변에서 "바람은 소슬하고 역수는 차갑구나, 장수는 한 번 가면 돌아오지 못하느니!" 하고 한탄하고는 마차에 올라 돌아보지 않고 길을 갔다.

국 역사에 큰 영향을 미쳤다. 허베이 사람들과 잘 지내려면 옹졸함을 버려야 하며, 남이 한다고 무조건 따라 하지 말고 자신의 원칙과 태도를 확실히 해야 한다.

허베이 사람과 관계 맺기

허베이는 농경문화와 유목 문화가 적당히 섞여 있는 지역이다. 찬란한 과거가 있었으나 오늘날에는 경제의 큰 물결을 타지 못한 채 낙후되어, 자신감이 결여되어 있다. 정신문화의 축을 잃어버린 이들이 과거의 영광을 되찾으려 하지만 보수적인 사상이 발목을 잡는 셈이다. 비즈니스도 안정을 추구하여 본전만 사수하면 그만이라는 생각으로 임하는 편이다. 따라서 이들과 비즈니스를 하면 손해는 보지 않겠지만 큰 성과도 기대하기 어렵다.

신장웨이구얼 자치구
간쑤성
네이멍구 자치구
산시
(山西)
닝샤후이족
자치구
칭하이성
산시성
(陝西)
시짱 자치구(티베트)
후
쓰촨성
충칭
후난
구이저우성
원난성
광시좡족 자치구
하이난성

시베이 지방
西北

칭하이
青海

외지인의 천국

칭하이는 외지인의 천국이라고 할 수 있다. 선량하며 타지 사람들에게 호의적이기 때문이다. 이 말은 칭하이 사람들과 20여 년 동안 접촉한 경험이 있는 외지인들이 직접 한 말이다. 칭하이 사람들은 저장(浙江) 사람을 총명하고 지혜로우며 힘든 시련을 잘 견딘다고 평가하며, 푸젠(福建) 사람은 몸집은 작으나 역시 어려움을 잘 참고 견딘다고 평가한다. 오래전부터 타지 사람들을 포용해온 이 지역 사람들의 가슴은 마치 푸른 바다처럼 넓고 그 기량은 초원처럼 광활하다.

처음으로 칭하이(靑海)에 가본 사람이라면 다른 곳보다 발전은 더디지만 푸른 하늘과 함께 광활하고 아름다운 이곳의 풍경에 감탄을 금치 못할 것이다. 특히 칭하이 사람들은 선량하고 꾸밈이 없어 쉽게 친해질 수 있다. 이곳을 방문한 사람들의 이야기를 들어보면 실망과 기쁨이 교차하는 것을 알 수 있다. 실망은 이 지역이 생각했던 것보다 도시화와 현대화가 진행된 데 대한 것이며, 기쁨은 그동안 살아오면서 그토록 머리를 아프게 했던 복잡한 인간관계가 이곳에서는 갑자기 아무것도 아닌 것처럼 생각되는 데 대한 기쁨이다.

칭하이 땅에 발을 들여놓으면 누구나 이곳의 온화함과 조용함, 꾸밈없는 순결함을 느낄 수 있다. 칭하이 남자들에게서는 지나칠 정도로 전통

칭하이의 관문 일월산(日月山)
해와 달이라는 뜻의 일월산은 전략적으로 매우 중요한 요새다. 또한 대륙에서 남서쪽으로 통하는 교통의 요지이며, 한족과 장족의 우호적인 왕래의 상징인 호시 무역의 연결 통로였다.

과 봉건적 습성을 중시하는 태도를 엿볼 수 있는데, 그들은 외부의 영향이나 새로운 사물에 대해 언제나 신중한 태도로 대한다. 그러나 하나의 도리를 확실히 깨달으면 망설이지 않고 나아간다. 특히 친구들에게는 언제나 성실하게 대한다. 칭하이 남자와 대화를 하다 보면 그가 어떤 지역의 친구들과도 호형호제하며 지낸다는 것을 알 수 있다. 상대방이 우호적인 모습을 보인다면 그 친구에게 모든 것을 바친다. 이는 그들의 선량한 천성 때문이며, 또한 칭하이 사람들이 타지 사람들로부터 상처 받는 요인이기도 하다. 칭하이 사람들과 20여 년 동안 접촉해 온 외지인들은 칭하이가 외지인의 천국이라고 말한다.

칭하이 사람들은 저장(浙江) 사람을 총명하고 지혜로우며 힘든 시련을 잘 견딘다고 평가하며, 푸젠(福建) 사람에 대해서는 몸집은 작으나 역시 어려움을 잘 참고 견딘다고 평가한다. 오래전부터 타지 사람들을 포용해온 이 지역 사람들의 가슴은 마치 푸른 바다처럼 넓고 그 기량은 초원처럼 광활하다.

고원의 풍광이 길러준 호연지기

칭하이 사람들은 멀리서 온 손님을 유난히 반겨주고 따뜻하게 맞이한다. 그들은 넓은 마음 씀씀이로 손님을 극진하게 대접하여 그동안 잊고 있었던 자연스러움과 편안함을 느끼게 하고, 그 여행을 오랫동안 잊을 수 없게 한다. 칭하이 사람들의 자유분방함과 열정은 남방 사람들이 감히 따라오지 못할 정도다. 그들은 손님을 진심으로 극진하게 대접하는데, 동충하초(冬蟲夏草)와 광천수를 먹고 자란 칭하이의 양고기는 어떤 지방보다 육질이 좋고 맛있다며 권하기도 한다.

칭하이 남자들은 여럿이 어울려 놀기를 좋아한다. 마지막에는 역시 술자리에서 주먹을 겨루고 다함께 고함을 지르며 지난번 모임에서는 누가 이기고 졌는지에 대해 이야기한다. 오늘의 승자는 당연히 자기라며 큰소리를 치기도 한다. 혹은 여자들에 대해 자유로운 대화를 나눈다. 이런 모습은 고원 사람들의 우정과 열정, 순박함과 호탕한 정서를 그대로 보여준다.

칭하이 사람들의 열정과 호탕함은 고원의 환경과도 관계가 깊다. 세계의 지붕이라는 고원의 풍광은 이들에게 순박한 성격과 호연지기를 길러주었다. 세상 사람들은 자연 친화적이고 천지합일의 기운을 온몸으로 받는 이 삶을 동경하면서도 실천하지는 않는다. 작가의 붓 아래 표현되거나 신비한 전설 속에 등장하여 사람을 매혹시키는 쿤룬산맥(崑崙山脈)의 부커다반봉(布喀達坂峰 : 칭하이 최고봉−편집자 주)과 아니마칭봉(阿尼瑪卿峰 : 티베트 전승불교의 4대 신산 중 하나−편집자 주), 탕구라산(唐古拉山), 공가산(貢嘎山), 그리고 대초원과 아름답기 그지없는 칭하이호(靑海湖), 사람을 매료시키는 섬 냐오다오(鳥島), 신비로운 라마교와 나부끼는 깃발들, 오색의 마니석, 어느 것 하나 웅장하지 않고 순수하지 않은 것이 없다. 그 신비함과 순결함은 듣는 것만으로도 사람을 황홀하게 만든다.

만약 당신이 산장위안(三江源)에 간다면 그 자애로움과 솟아오르는 기상에 전율을 느끼게 될 것이다. 산장위안의 순수함과 광활함은 당신의 영혼을 무아의 경지로 안내한다. 또한 아니마칭산을 처음 대하는 사람은 새하얀 설봉, 정적이 흐르는 빙산에 인간이라는 존재의 하찮음과 나약함을 깨닫게 되며, 자신도 모르게 생명의 의미에 대해 생각하게 될 것이다.

2005년 10월 하늘길 칭장철도가 산
장위안을 통과했다.
중국에서 가장 긴 양쯔(揚子)강과 황
하(黃河), 란창(瀾倉)강 등 3대 강물
의 시발지는 산장위안(三江源, 삼강
원)이다. 세계에서 해발이 가장 높고
면적이 가장 넓으며 습지가 풍부한
지역으로 '강하원(江河源 : 장하위
안)' 이라는 명칭으로도 불린다.

사람의 그림자도 볼 수 없는 커커시리(可可西里)를 처음으로 밟고 자연의
도전을 받아들일 때, 당신은 그제야 생명의 위대함을 깨닫고 경외감을
느낄 것이다.

누군가의 부속품으로 살 수는 없지

험준한 자연환경 속에 살아가면서 칭하이 사람들은 강인한 생존법을
배웠다. 칭하이 남자들은 완고해서 하나의 문제를 둘러싸고 때로는 얼굴
을 붉히며 논쟁을 하기도 한다. 심지어는 그 일로 사이가 벌어질 때도 있

다. 자신의 주장을 상대에게 설득하기 위해 그들은 경전을 인용하거나 이치를 따지며 논쟁을 계속하기도 한다. 제3자가 나타나 해결해주기 전까지 그들의 논쟁은 끝없이 계속된다. 이때 제3자가 개입해 어느 한쪽의 관점이 틀렸다는 것을 증명해주면 논쟁은 그 순간 싱겁게 끝나고 서로 웃으면서 헤어진다. 그러다가도 또 다른 문제를 만나면 같은 장면을 재현한다. 칭하이 남자들이 할 일이 없다거나 고집이 세다는 말은 이를 두고 하는 말이다.

칭하이 여성들은 상당히 낙천적이다. 그녀들은 내일은 좋은 날이 올 거라는 희망을 안고 살며, 과거에 얽매이지 않고 언제나 미래지향적이다. 아무리 어려운 일이 있어도 실망하지 않는 강인한 정신은 부드러운 그녀들의 외모와 큰 대비를 이룬다. 외부 사람들, 특히 남자들은 그런 그녀들에게서 생명과 운명에 대한 도전, 목표를 향한 집요함을 느낀다. 칭하이 여성들은 운명을 받아들이되 운명에 복종하지 않는다. 이는 어떻게 보면 모순된 듯하지만, 냉정히 생각해보면 가능한 말이다. 언제나 현실적으로 생존을 위해 강인하게 생활해 온 그녀들이 세상에서 믿을 수 있는 것은 결국 자기 자신뿐이었기 때문이다.

현대 사회에서 여인의 운명은 자신이 처한 '여성'이라는 현실과 밀접한 관련이 있다. 여성 역시 공평한 기회를 가져야 한다. 우선 열심히 공부하여 새로운 생활과 더 높은 신앙의 경지에 도달한다. 둘째, 사랑하는 사람을 만나 부부가 함께 부귀영화를 누린다. 셋째, 자식을 잘 키워 성공시킨다. 이러한 관점은 봉건적이고 숙명적인 면이 있지만, 이들에게는 곧 현실이기도 하다. 칭하이 여성들이 운명을 받아들이되 복종하지 않는다는 말에는 두 가지 생존철학이 숨어 있다. 하나는 현실을 인정하고 개선하기 위해 노력하되 결코 현실로부터 도피하거나 방치하지 않는다는 것이고, 또 하나는 자신의 노력과 헌신으로 생활의 모든 압박을 감당하며 자신을 누군가의 부속품이 아닌, 운명의 개척자로 만들려는 의지다.

반 박자 느린 삶을 사는 사람들

칭하이 사람들의 삶은 비교적 유유자적한 편이다. 이는 고원의 기후와도 깊은 관련이 있다. 춥고 긴 겨울, 사람들은 밖에 나갔다가도 얼른 따뜻한 집과 가족의 품으로 돌아가 쉬고 싶다는 생각을 하게 된다. 칭하이의 남편들은 밖에서는 큰일도 대수롭지 않게 넘기지만, 집안에서는 살림살이가 하나라도 보이지 않으면 당장 여자를 채근한다. 여자들은 건성으로 대답하면서 서둘러 그 물건을 남자 앞에 가져다놓는다. 여자가 바깥일에 대해 묻기라도 할라치면 남편은 "당신이 뭘 안다고 그래!"라며, 마치 자신이 전지전능한 존재라도 되는 양 행동한다. 이렇게 시작하는 하루의 생활에 남자는 매우 만족한다. 오랫동안 이렇게 살아오다 보니 옆집에 금송아지가 있어도 내 집에 가면 토끼 같은 자식과 여우 같은 마누라가 기다리고 있고, 따뜻한 아랫목이 있으니 그만이라는 유유자적한 심리가 형성된 것이다.

칭하이 사람들의 보수성은 오랫동안 외부와 고립된 지리적 환경, 낙후된 관념으로 인해 형성된 것이다. 그들은 추구하는 바는 높지만 현실이 따라주지 않아 늘 모순된 모습을 보인다. 가령 칭하이 사람에게 옷가게나 미용실, 청과물 도매상 등을 해보라고 권하면 그는 일언지하에 거절하고 이렇게 말할 것이다. "우리까지 그런 일을 하면 남방 사람들이 할 게 없잖아요." 마치 자신들은 큰일만 하기 위해 태어났다는 투다. 그들은 이렇게 1년, 또 1년을 기다리다가 나중에 가서야 세상은 변하고 있는데 자기들은 아직도 빈곤에서 허덕이고 있다는 사실을 발견할 것이다. 그리고는 조용히 다른 지역으로 가서 장사를 시작한다. 이런 식으로 현실의 리듬보다 늘 반 박자 느린 삶을 산다.

목숨보다 중요한 체면

칭하이 사람과 사귀려면 그들의 체면을 세워줘야 한다. 칭하이 사람들, 특히 칭하이 남자들은 체면을 목숨보다 중요하게 생각한다. 이런 그들의 생각은 칭하이의 생활환경과 깊은 관련이 있다. 칭하이의 지리적 환경이 열악하고 경제적으로 뒤처졌다는 것은 누구나 아는 사실이지만, 칭하이 사람들 앞에서 이를 지적해서는 안 된다. 다른 지역에서라면 얼마든지 가능하다. 특히 발달된 지역에서는 당신이 아무리 그 지역에 대해 불만을 털어놓아도 그런 말은 귓전으로 흘려들을 것이다. 하지만 칭하이에서는 조심해야 한다.

"어쩌면 이렇게 황량하고 낙후되었을까. 이렇게 외진 곳이 있다니……."

남방 출신이 칭하이에 처음 와서 창밖의 황량한 토지를 보고 이런 감상을 말했다가는 주변에 있던 칭하이 남자로부터 핀잔을 듣기 십상이다.

"이렇게 가난하고 별 볼일 없는 곳에 댁은 뭣하러 왔소?"

이는 자칫하면 시비로 번지게 된다. 어떻게 보면 교양 없어 보이는 칭하이 남자들의 이런 행동은 뼛속 깊이 박힌 애향심의 표현이다. 여기에는 체면을 중시하는 칭하이 사람들의 성격도 크게 작용한다. 칭하이 남자는 밖에서 손님을 접대할 때나 친구들과 모임을 갖고 있을 때 귀가를 재촉하는 부인의 전화라도 받으면 짧고도 과격한 말로 위풍당당하게 되받아쳐서 상대의 말문을 막아버린다. 물론 주변의 남자들은 같은 남자로서 이를 자랑스러워한다. 이런 체면 세우기의 배후에는 술기운을 빌어 남자의 위신을 세우고 이로써 위안을 삼으려는 심리가 숨어 있다. 혹은 짐짓 화난 척하며 남자의 체면을 깎았다고 으름장을 놓아 아내의 기선을 제압하려는 심리도 있다. 집 안에서나 집 밖에서나 그들에게 체면은 그만큼 중요하다.

문성(文成) 공주가 칭하이 일월산을 넘어 티베트에 화친을 청하러 가는 그림

칭하이 사람들과 사귀려면 우선 이렇게 체면을 중시하는 이들의 특성을 파악해야 한다. 특히 칭하이 남자들에게는 좋은 말로 하면 받아들여질 일도 위압적으로 말해서는 받아들여지지 않는다. 이런 특징은 서부 사나이의 기질을 드러내는 것이다. 칭하이에서는 직업과 직위의 고하를 막론하고 한 식탁에 둘러앉아 술을 매개로 하여 손님과 주인이 서로를 공경한다. 지위와 신분이 높다고 남 앞에서 으스대거나 다른 직업과 비교해서는 안 된다. 특히 다른 직업을 천대하거나 다른 사람을 업신여기는 태도는 금물이다. 칭하이 남성들은 권력과 재물을 동경은 할지언정 숭배하지는 않고, 찬탄은 하더라도 허리를 굽히지 않는 자존심이 있기 때문이다. 좋은 말로 편안하게 그들을 대한다면 그들 또한 한없이 뜨거운 열정으로 당신을 대할 것이다.

칭하이 사람과 관계 맺기

결론부터 말하면 칭하이 사람들은 사업에 소질이 없다. 너무 솔직해서 사기도 많이 당한다. 통계에 따르면, 1998년부터 2005년 사이에 공안국에 접수된 경제 관련 범죄 중 99퍼센트가 칭하이 상인이 외지인에게 당한 사기 사건이었다. 이것만 보아도 칭하이 사람들이 사업을 할 때 계산적이지 못하고 속을 있는 그대로 드러내 보인다는 사실을 알 수 있다. 경쟁이 난무하는 사업의 세계에서 칭하이 사람들은 결국 남 좋은 일만 하는 셈이다. 그동안 실패를 거듭하면서 경험도 많이 쌓고 아픈 교훈도 많이 얻었지만 근본적으로 달라진 것은 없다. 물론 칭하이 사람을 비하해서 하는 말은 아니다. 칭하이 사람과 비즈니스를 하려면 소박하고 선량한 그들을 속이려 하지 말고 진심으로 대해야 한다. 그들의 유유자적한 생활 태도부터 이해해야 하며, 이를 탓해서는 안 된다. 칭하이의 사업가들은 점심 때 반드시 낮잠을 자고 한 끼 식사에 오랜 시간을 들인다. 작은 사업은 돈을 벌지 못한다고 생각하여 꺼리는 것도 칭하이 사업가들의 특징이다. 이들은 유유자적한 생활을 버리면서까지 힘들게 돈을 벌 필요는 없다고 생각한다.

신장
新疆

북방 소수민족의 고향

위구르인이 물건을 팔 때 가격을 흥정하는 방식은 매우 흥미롭고 열정적이다. 쌍방이 한창 흥정에 열을 올리고 있을 때 갑자기 한 손으로 상대의 손을 잡고 자신의 손바닥에 강하게 마주치며 "친구, 한마디로 끝냅시다. 30위안!"이라고 말한다. 상대가 동의하지 않으면 절대 잡은 손을 놓아주지 않고 다시 마주치며 "친구, 찬찬히 봐요. 좋은 물건입니다"라고 말한다. 손바닥을 계속 마주치는 바람에 잡힌 손이 아플 정도다. 그렇지만 위구르 상인의 열정에 결국 물건을 사게 된다.

신장(新疆)에는 오래전부터 중국 북방 소수민족의 조상들이 많이 살았다. 위구르족·카자흐족·키르기스족·타지크족·시보족 등이 이들인데, 초원의 민족은 사막과 혹한의 환경에서 오랫동안 유목 생활을 해오면서 탁 트인 성격과 강인하고 용맹스러운 성품을 갖게 되었다.

아가씨가 총각 쫓아가기(姑娘追)

카자흐족 민간에서 유행하는 경기의 하나로, 말에 탄 젊은 남자를 아가씨가 쫓아가는 놀이다. 이런 경기를 통해 마음에 둔 사람에게 사랑을 고백하고 청혼을 하기도 한다.

넓은 초원의 소수민족들

위구르(Uighur, 웨이우얼(維吾兒))족은 사람이나 사물을 예의로 대하며, 언행을 조심하고 전통과 명절을 중시한다. 아는 사람을 만나면 언제나 반갑게 악수하고 서로 안부를 물은 다음, 몸을 숙여 인사를 하고 뒷걸음을 치며 두 손 또는 오른쪽 팔을 가슴에 갖다 댄다. 이때 여자들은 두 손을 무릎에 대고 몸을 살짝 숙여 인사를 하면서 작별을 고한다. 위구르인은 특히 노인을 공경하고 어린이에게 각별하다. 길을 걸을 때는 연장자가 먼저 가도록 양보하며, 말을 하거나 자리에 앉을 때도 연장자에게 먼저 양보한다. 차를 따르거나 물건을 건네받을 때도 언제나 두 손으로 공손히 받으며 상대에 대한 존중을 표현한다.

열정과 호탕함은 위구르인을 비롯한 모든 신장 사람들의 성격이다. 식당에서 밥을 먹고 나설 때면 위구르인 식당 주인이 손님의 앞 또는 뒤에서 "안녕히 가십시오!"라고 노래를 부르며 배웅하는 것을 흔히 볼 수 있다. 위구르인이 물건을 팔 때 가격을 흥정하는 방식도 매우 흥미롭다. 쌍방이 한창 흥정에 열을 올리고 있을 때 갑자기 한 손으로 상대의 손을 잡고 자신의 손바닥에 강하게 마주치며 "친구, 한마디로 끝냅시다. 30위안!"이라고 말한다. 상대가 동의하지 않으면 절대 잡은 손을 놓아주지 않는다. 그리고 다시 마주치며 "친구, 찬찬히 봐요. 좋은 물건입니다"라고 말한다. 손바닥을 계속 마주치는 바람에 잡힌 손이 아플 정도다. 그렇지만 위구르 상인의 열정에 결국 물건을 사게 된다.

카자흐(Kazakh)족은 손님에게 극진하기로 유명하다. 카자흐 초원에서는 전통 가옥인 유르트(yurt)가 있는 곳이라면 언제 어디서나 나그네가 쉬어가거나 투숙할 수 있다. 주인은 전혀 모르는 사람에게도 향기로운 수유차와 양고기를 정성껏 대접하며 묵어가기를 권한다. 카자흐 사람은 손님 대접을 제대로 하지 않으면 이웃의 조롱거리가 된다. 그래서 카자흐 사람들 사이에서는 이런 말이 전해진다. "부모가 남겨준 유산 중 절반은 손님 것이다", "귀한 손님이 오면 양이 쌍둥이 새끼를 낳는다", "길을 가는 도중에 카자흐만 있다면 1년 동안 집을 떠나 있어도 양식 한 톨, 돈 한 푼 가지고 다니지 않아도 된다." 이들은 귀한 손님이 오면 온 가족이 문 밖으로 나와서 손님이 말에서 내리는 것을 도우며, 유르트의 문을 열고 손님을 안으로 안내한다. 이때 손님의 모자와 말채찍을 미리 받아놓는다. 만약 손님이 도착한 시간이 저녁나절이라면 반드시 하룻밤 자고 가라고 붙잡는다. 손님이 오면 대부분의 카자흐인은 양을 잡으며, 특별히 귀한 손님에게는 한 살이 넘은 망아지를 대접한다.

키르기스(Kyrgyz)족은 전통적으로 예를 중시한다. 이들도 역시 온 가족이 문 밖으로 나와 손님을 맞이하고 손수 말에서 내려주고 집 안으로 안내한다. 주인은 가장 좋은 음식으로 손님을 대접한다. 술을 대접할 때는 여주인이 권주가를 부르고, 손님이 떠날 때는 환송가를 부른다. 밤에는 손님을 묵어가도록 청하는데, 여주인이 손수 이부자리를 깔아주고 손님이 잠자리에 들면 주인이 손님의 이불을 덮어준다. 이렇게 순박하고도 성의 있게 손님을 대접하는 풍습은 오늘날까지도 전해 내려오고 있다. 키르기스족도 양을 잡아 손님을 대접하는데, 양 한 마리를 끌고 와서 주빈에게 보이고는 다시 끌고 가서 도살한다. 또한 이들은 손님을 초대할 때 격식을 따져 이웃이나 연배가 높은 사람을 청해 손님을 모시게 한다. 때로는 주인이 노래를 잘하는 사람이나 말과 우스갯소리를 잘하는 입담꾼을 불러 흥을 돋우기도 한다. 민간에 전해지는 이야기나 만담을 듣노라면 유르트 안은 한껏 즐거운 분위기로 넘친다. 멀리서 온 손님은 언어가 안 통해도 마치 자신의 집에 온 듯 편안한 느낌을 받게 된다.

타지크(Tadjiks)족도 예의를 중시하는 순박한 민족이다. 이들의 유구한 역사는 문화적 소양과 관계가 깊다. 주인은 하룻밤을 묵고 가는 손님이건 그냥 지나던 손님이건 민족과 남녀노소를 가리지 않고 진심으로 극진히 대한다. 파미르 고원에서 산길을 가노라면 산을 타던 타지크족이 산에서 내려와 아는 체를 하고 다시 산을 타러 가는 광경을 흔히 볼 수 있다. 아무리 낯선 사람이라도 이들에게는 일상적인 일이다.

이리강(伊犁江) 유역에 거주하는 시보족(錫伯族)도 손님을 맞는 예절을 중시하는 민족으로, 이들 사이에는 다음과 같은 속담이 있다. "예절을 지

초원의 낙타
오래전부터 유목민은 낙타를 주요 운반 수단으로 삼았다. 초원과 사막에서 남북으로 왕래하던 낙타들은 경제 발전과 문화교류에 기여했다.

키지 않으면 평생 동안 남의 비웃음을 당할 것이다." "타인에게 예절을 갖추지 않으면 사이가 멀어지며, 예절을 갖추면 가문이 빛날 것이다." 이들은 손님이 오면 온 가족이 함께 맞으며, 집안의 며느리가 손님에게 몸을 숙여 두 손으로 공손히 담배를 대접하고 차를 따라준다. 며느리가 없을 경우에는 주인의 딸이 이를 대신한다. 연장자와 길에서 마주치면 타고 가던 말이나 마차에서 내리고 연장자가 지나간 후에야 다시 말이나 마차에 오른다.

미적 감각을 타고난 위구르족

위구르족은 미적 감각이 뛰어난 민족이다. 주변의 환경을 아름답게 장식하는 것을 즐기는데, 처음 신장에 온 사람들은 아름다운 색채의 향연에 눈이 휘둥그레질 정도다. 그들은 몇 천 년 동안 지속되어 온 부지런함과 지혜로 예술적 공예품을 활용해 생활 전반에 독특한 아름다움을 형성했다. 위구르족의 미적 감각은 타고난 것이다. 위구르족 여인이 즐겨 입는 실크 원피스는 가늘게 구부러진 눈썹과 커다란 눈동자, 높은 콧날, 균형 잡힌 그녀들의 몸매와 조화를 이루어 기막힌 맵시를 연출한다. 이 원피스에는 위구르 민족의 독창성이 묻어난다. 전통 명절이나 축제 때면 도시는 물론 농촌에서도 다양한 색깔과 디자인의 실크 원피스를 입은 여인들의 모습을 볼 수 있다. 실크, 즉 주단은 부드러움과 경쾌한

화려한 옷과 장식으로 꾸민 위구르 아가씨

자태를 표현하는데 각각 검은색·붉은색·노란색을 바탕색으로 하여 다른 색이 적당히 배합된 패턴이 조화를 이룬다. 이 원피스는 화려하지만 결코 단정함을 잃지 않는다. 원피스의 화려한 색채는 사막의 단조로운 환경과 강렬한 대비를 이루며 위구르인이 생활 속에서 추구하는 열정을 보여준다.

건포도로 유명한 신장의 투루판(吐魯蕃)은 많은 미녀를 배출한 곳으로도 잘 알려져 있다. 특히 위구르족 중에 예쁜 아가씨가 많다. 이들은 자연미를 추구하는데, 그녀들의 화장법은 독특하며 화장품 또한 대자연에서 원료를 취해 자신의 손으로 직접 만들어 쓴다. 눈썹을 그릴 때는 식물의 뿌리와 줄기를 압축해서 만든 '오스만' 이라는 화장품을 쓰는데, 이것으로 눈썹을 그리면 눈썹이 짙게 표현될 뿐 아니라 눈썹을 빨리 자라게 자극하는 기능도 있다고 한다. 프랑스의 한 미용 전문가는 신장을 방문했을 때 위구르 여인들의 이러한 화장술을 보고 깊은 인상을 받아 이렇게 말했다. "오스만은 눈썹의 식량이다. 만약 세계 눈썹 겨루기 대회가 열린다면 일등은 단연 위구르 여성에게 돌아갈 것이다."

위구르족은 타고난 무용수이기도 하다. 동작 하나하나가 모두 열정적이며 음악의 리듬과 한 몸이 되어 움직인다. 위구르 여성이 춤추면서 웃는 모습은 아름답기 그지없다. 마치 춤을 추면서 마음속 깊은 곳에서 우러나는 기쁨을 표현하는 듯하다. 높은 음으로 부르는 위구르 여인의 노랫소리는 듣는 사람으로 하여금 무용수와 함께 어울려 춤추고 싶은 충동을 일으킬 정도다. 시원한 포도나무 그늘 아래에서 춤을 감상하고 함께 어우러지는 그 순간의 추억은 한번 경험해본 사람이라면 영원히 잊지 못할 것이다.

신장에서의 금기 사항

신장의 각 소수민족에게는 각각의 역사와 종교, 경제생활, 전통 예절의 영향을 받아 여러 종류의 금기 사항들이 있다.

1. 뚫어지게 쳐다보지 마라

위구르 사람들은 다른 사람이 가진 물건을 부러워하는 것을 금하고, 남의 재능을 질투하는 눈빛을 금한다. 이러한 눈빛은 초자연적인 악의 힘으로 좋아하는 사람이나 물건 또는 하는 일에 나쁜 영향을 끼친다고 생각하는데, 가령 예쁘고 똑똑한 남의 아이를 뚫어지게 쳐다보면 그 아이가 불행해진다고 믿는다. 빵을 구울 때도 이를 다른 사람이 뚫어지게 쳐다보면 화덕 벽에 빵이 안 붙어 익지 않는다고 믿으며, 소시지 속을 채울 때는 반드시 천으로 덮어 보이지 않게 해야 소시지가 터지는 것을 막을 수 있다고 믿는다. 천을 짤 때 다른 사람이 쳐다보면 실이 끊어지기 (斷絲) 일쑤다. 이들은 액운을 피하기 위한 방법으로 부적을 지니거나 연기를 피우기도 한다. 신장에서는 절대로 위구르인이나 그들이 지닌 물건을 뚫어지게 쳐다봐서는 안 되며, 시장에서도 물건을 오랫동안 쳐다만 보고 그냥 가서는 안 된다.

2. 방귀 뀌지 마라

신장의 공공장소에서 절대 방귀를 뀌어서는 안 된다. 소리가 나지 않는 방귀라도 절대 금기다. 주변에 종교의식을 거행하기 위해 목욕재계를 끝낸 무슬림 교도가 있을 가능성 때문인데, 이슬람교의 경전에 따르면 방귀는 목욕재계의 효과를 없애버린다고 한다. 당신의 방귀 때문에 무슬림 군중들은 경전에 따라 다시 목욕을 해야 할지도 모른다.

3. 고기를 먹지 마라

신장의 무슬림은 돼지, 개, 당나귀, 노새 고기와 맹수·맹금류의 고기를 금한다. 도살을 거치지 않고 스스로 죽은 동물의 고기도 먹지 않으며, 모든 동물의 피를 먹는 것을 금기시한다. 이슬람교에서 비롯된 이러한 금기는 이제 생활 습관으로 자리 잡았다. 따라서 이런 동물이나 동물의 고기를 무슬림 가정이나 식당에 가지고 가면 안 되고, 이것들에 대해 이야기하는 행위도 삼가야 한다.

4. 음식물을 밟지 마라

이들은 식량이나 소금, 각종 음식물을 발로 밟는 것을 금기시한다. 이를 어겼을 경우 나중에 거지가 되거나 실명하는 액운이 온다고 믿는다. 식기나 음식물을 씻고 난 구정물을 버리는 곳도 밟거나 넘어다녀서는 안된다. 이런 곳에 있는 음식 찌꺼기와 소금물마저 '성스러운 물건'으로 여기기 때문이다.

5. 특히 남의 집에서 더욱 예절을 중시하라

신장 사람들은 손님을 맞거나 자신이 손님으로 남의 집에 방문할 때에도 예절을 중시한다. 음식을 덮은 천을 밟거나 넘어 다니면 안 된다. 손님은 쟁반에 있는 음식을 마음대로 휘젓거나 음식물의 냄새를 맡아서도 안 되며, 주인의 허락 없이 부뚜막 앞으로 지나가거나 솥이나 항아리 등 식기를 함부로 열어 봐서도 안 된다. 음식을 먹을 때는 가능한 남기지 않아야 한다. 밥알을 땅에 떨어뜨렸을 경우, 이를 주워서 식탁보 위에 놓아야 한다. 빵이나 만두를 먹을 때는 이를 통째로 먹지 말고 쪼개서 먹어야한다. 식사를 마친 후에 그릇을 두드리는 것도 실례다.

다른 일이 있어 자리를 뜰 때는 다른 사람 앞에 서지 말고 반드시 그

위구르족의 결혼식
신부측 친척들이 준비하는 모습이다. 위구르인의 주식인 낭(饟)과 소금물은 빠져서는 안 될 중요한 요소다. 신랑 신부는 결혼식에서 반드시 소금물과 낭을 먹어야 한다. 이렇게 함으로써 '영적인 힘'이 신랑 신부의 금실을 좋게 하고 백년해로할 수 있게 한다고 믿는다.

뒤에서 걸어야 한다. 식사를 마치고 기도할 때는 함께 집중해야 하고, 주인집의 물건을 허락 없이 뒤적이거나 집 안에서 왔다갔다 하며 걸어다녀서도 안 된다. 식사 전과 후에는 반드시 손을 씻어야 한다. 손을 씻고 나서는 물기를 아무데나 털지 말고 수건으로 닦아야 한다. 음식을 보관하는 상자나 마대, 소금이 담긴 자루 위나 취사용구에 앉아서는 안 된다.

또한 실내에서 온돌에 앉을 때는 두 다리를 뻗어 발바닥을 보이면 안 된다. 선물이나 차, 음식을 주고받을 때는 두 손으로 공손히 해야 한다. 이들은 한 손으로 물건을 건네주거나 받는 것을 예의 없는 행동이라고 여긴다. 손님으로 갔을 때는 주인이 권하는 것을 받아야 한다. 먹고 싶지 않더라도 완전히 거절하지 말고 한 입이라도 먹어서 성의를 표해야 한다. 주인이 차를 따라줄 때는 두 손으로 그릇을 받쳐 든다. 예의를 차린다고 차 주전자를 받아들고 스스로 따라서는 안 된다.

6. 아이를 칭찬하지 마라

신장 사람들은 다른 사람의 앞에서 자기 아이에게 칭찬의 말을 하는 것을 금기시한다. 특히 "살이 쪘다"거나 "잘생겼다", "예쁘다", "잘 먹는다" 같은 단어는 절대로 입에 올려서는 안 되는 금기어다. 친척이든 친구든 집 안에 들어와 주인집 아이를 껴안아서는 안 된다. 특히 먼 길을 온 손님이 그렇게 하면 아이가 놀라 병에 걸린다고 여긴다. 그래서인지 신장에서는 노인들이 아이를 보고 "이 아이는 정말 못생겼구나"라고 말하는 모습을 심심치 않게 볼 수 있다.

7. 기타 금기 사항

무슬림이 기도문이나 경전을 낭독할 때는 말을 해서는 안 된다. 종교 의식을 행하는 사람의 앞에 서 있거나 그 앞을 지나다녀도 안 된다. 또한 사람의 형상을 한 물체를 그 앞에 세워두어서도 안 되고, 신발을 신은 채로 또는 더러운 발로 기도하고 있는 담요를 밟는 것도 금한다.

이슬람 사원이나 묘지에서 떠들거나 종교 행사와 무관한 이야기를 해서는 안 된다. 이슬람 묘지를 지날 때 말이나 노새, 당나귀를 타고 지나가는 것을 금지하며, 또 가축이 경내에서 놀라 뛰지 않게 해야 한다. 어떤 사람도 함부로 이슬람 묘지에 들어갈 수 없으며, 이곳에서 흙을 채취할 수 없다. 이슬람 묘지 부근에 돼지우리나 화장실을 지을 수 없고, 이슬람 사원이나 묘지 옆에서 대소변 보기, 침 뱉기, 코 풀기, 오염된 물건을 가지고 지나가거나 머무는 행위는 모두 금지된다.

태양이나 달을 향해 대소변을 보는 것을 금지하며 물속에 용변을 보아서도 안 된다. 하늘을 향해 침을 뱉는 행위도 금한다. 아침에 세수를 하지 않고 태양을 보아서는 안 되며, 농작물이나 풀을 짓밟거나 뽑아서도 안 된다. 이런 곳에서 대소변을 보는 것은 특히 금기시한다.

여자들은 가축을 매어놓은 줄이나 오염된 물을 넘어 다닐 수 없다. 줄을 넘어 다니면 아이를 낳을 때 태반이 잘 나오지 않는다고 여기며, 오염된 물을 넘어 다니면 분만 때 힘을 줄 수 없다고 믿는다. 낯선 사람은 산모가 있는 방 안에 함부로 들어갈 수 없고, 보통 출산 후 12일이 지나야

청(淸)나라 때 우선(烏什) 우두머리가 투항하는 모습
건륭(乾隆) 23년 8월 9일 정변장군(定邊將軍)으로 승진한 조혜(兆惠)는 군사를 거느리고 대소화탁(大小和卓)을 정벌하였다. 그림은 8월 30일 회부(回部) 수령 곽집사(霍集斯)가 우선(烏什)현을 바치고 청군의 원형 군영에 와서 조혜 등 청군의 장수들에게 인사를 하는 모습이다.

산모를 만나볼 수 있다. 이러한 금기들은 신장의 각 소수민족이 오랜 역사를 거치면서 형성된 것으로, 이미 그들의 생활 속에 깊숙이 녹아들어 그들의 생활과 일부가 되었다.

닝샤
寧夏

전통적 농경 생활에
머무른 발전

황하(黃河)가 제공하는 풍부한 자원 덕분에 닝샤 사람들은 음식을 배불리 먹고 옷을 따뜻하게 입는 등 풍족한 생활을 누렸다. 전원적이고 목가적인 농경 생활이 중원 문화를 형성했으며 이런 문화적 토양에서 나고 자란 닝샤 사람들은 본분을 지키며 살아가고 일하며 그 속에서 이익을 취하려는 사고방식을 가지게 되었다.

중국의 한 신문사에서 "닝샤(寧夏)인, 그대
에게는 과감히 사업에 뛰어들 모험 정신이 있는가?"라는 주제로 설문조
사와 토론을 한 적이 있다. 이 토론에서 문화 방면의 직업에 종사하는 한
여성은 이렇게 말했다.

"닝샤는 다른 곳보다 늦은 20세기 후반에 공업 문명이 시작되었다. 이
때는 서북부 지역 전체에 농업 문명이 한창 발전하고 있을 때였다. 당시
사람들도 이러한 환경의 영향을 받아 먹고 입는 데 불편함이 없으면 족
하다고 생각했으며, 굳이 집을 나가서 고생하며 돈을 벌 필요성을 느끼
지 못했다. 당연히 모험 정신이 부족할 수밖에 없다. 반면 남방 사람들은
인구는 많고 땅이 좁으니 생계를 위해 어쩔 수 없이 외지에 나가 돈을 벌

소가죽으로 만든 뗏목
닝샤와 간쑤 일대에서 오래전부터 내려온 교통수단
이다.

어야 했다.”

신문기자로 일하는 닝샤 토박이인 한 남성은 닝샤 사람들에게는 서북부 지역의 호방함이 있으나 대체로 보수적이라고 평했다. 그는 닝샤인에게 자신의 장점을 잘 살리고 시야를 넓혀 개척정신을 가질 것을 요구했다. 또한 한 외지 출신 상인은 “닝샤의 인촨(銀川) 상인은 닝샤의 돈을 외지 사람이 모두 벌어간다고 원망하지만, 어떻게 해서 벌어가는지에는 관심을 두지 않는다”고 꼬집었다. 그는 그 원인으로 현재 닝샤의 창업 환경이나 개인의 창업 의식 부족을 지적했으며, 지방 매체와 대학이 창업 단지를 세우고 포럼을 개최해 사회 전체에 창업 붐을 일으켜야 한다고 주장했다. 창업만이 부자가 되는 길이라는 분위기를 조성해야 한다는 것이다.

정말로 이들의 말처럼 닝샤 사람들에게는 모험 정신이 절대적으로 부족할까? 위의 사람들의 이야기를 빌면, 닝샤 현지에는 사업 마인드를 갖추지 않은 닝샤 사람과 사업 마인드로 무장하여 닝샤에 와서 돈을 벌어들이는 타지 사람만이 있을 뿐이다. 따라서 모든 닝샤 사람들은 게으르고 사업 마인드가 없다고 생각하기 쉽지만 사실은 그렇지 않다. 즉, 사업 마인드를 가진 닝샤 사람들은 이미 다른 지역으로 진출해 사업을 하고 있으며, 게으른 닝샤인들만이 집 안에 웅크리고 앉아 다른 지역 사람들이 자기 동네에 와서 돈을 다 벌어간다고 불평하는 것이다. 닝샤에서 몇 십 년을 살아온 한 토박이의 말도 같다. 그는 사업 마인드를 가진 사람들은 모두 외지에 나가 큰돈을 벌고 있으며, 닝샤에는 자기처럼 생각은 있으나 행동으로 옮길 용기가 없는 사람들만이 남아 있다고 말했다.

원저우 출신의 한 사업가는 원저우(溫州) 상인과 닝샤의 인촨(銀川) 상인의 차이를 설명해주었다. 첫째, 투자 의식의 차이다. 원저우 상인에게는 투자 의식이 있다. 10만 위안이 생기면 은행에 넣어두기보다는 먼저 어디에 투자할지를 생각한다. 반면 인촨 상인은 대부분 은행에 돈을 넣어두거나 부동산을 사는 편이다. 이들은 과감하게 투자할 생각은 하지 않는다. 15만 위안이 생겨도 마찬가지다. 원저우 상인은 이를 모두 투자해 큰 사업으로 확장할 생각을 하지만, 인촨 상인은 이를 쪼개 은행에 약간, 부동산에 약간씩 투자한다. 사업에 실패한 후를 염두에 두는 것이다.

둘째, 원저우 상인은 인촨 상인보다 정신력이 강하다. 창업을 앞두고 원저우 상인은 먹고 자는 시간을 뺀 나머지 시간 모두를 창업 준비에 투자하는 데 반해, 인촨 상인은 규칙적인 생활을 유지한다. 이들은 밥을 먹는 데 많은 시간을 투자하며, 점심을 먹고 나서는 반드시 낮잠을 잔다. 시시한 사업은 하지 않겠다고 생각하는 것도 일부 인촨 상인들의 특징이다. 이들은 시시한 사업으로는 큰돈을 벌지 못한다고 생각한다. 그러나 성공한 원저우 상인들의 대부분은 작은 사업부터 시작하여 시련을 겪으면서 조금씩 사업을 키워온 사람들이다.

셋째, 원저우 상인들 사이에서는 오랫동안 업계의 상인들끼리 돈을 빌려주는 습관이 유지되어 왔다. 이러한 습관은 원저우 상인들의 사업 발전에도 기여했으며, 단결성과 함께 독특한 그들만의 미덕을 형성할 수 있었다. 하지만 인촨 상인들은 누군가 돈을 빌리러 오면 혹시나 떼어먹힐까 걱정하여, 여간해서는 남에게 돈을 빌려주지 않는다.

마지막으로 정보 교류의 차이다. 장사를 하는 사람들에게는 정보가 매우 중요하다. 원저우 상인은 다양한 모임에서 여러 종류의 사람들과 광범위한 교류를 한다. 그들과의 대화도 사업과 돈과 관련된 주제에 집중된다. 그런데 인촨 상인들은 다른 사람들을 만나 함께 밥을 먹더라도 대부분 일상생활과 관련된 이야기에 관심을 보이고 사업에 대한 화제는 뒤로 미뤄둔다. 이들은 다른 사람이 자기 사업의 비밀을 훔쳐갈 것을 두려워해 동종업계 간에도 교류가 원활하지 않다.

위의 비교를 통해 닝샤 사람들은 사업에 대한 관심이 적음을 알 수 있다. 반드시 모든 사람들이 그런 것은 아니며, 특히 닝샤의 일부 젊은 사람들 중에는 자신만의 사업 비결을 가지고 승승장구하는 사람도 있다.

굴러들어 온 돌에게 뽑힌 박힌 돌 신세

고대 실크로드는 닝샤 북부 지방을 통과하면서 한동안 닝샤인의 사업에 대한 관심을 일깨웠다. 특히 닝샤의 무슬림들은 장사에 관심이 많아 몇 백 년에 걸쳐 서부의 여러 나라와 매우 긴밀한 정치·무역 관계를 수립했다. 당시의 닝샤 상인들은 그야말로 전국 각지를 누비고 다녔다. 그런데 오늘날의 닝샤는 상황이 다르다. 운수업은 산둥 사람이, 플라스틱 제품은 후난 사람이, 옷은 저장 사람이 팔고 있으며, 건축 자재는 푸젠 사람이, 건설 시공은 쓰촨 사람이 독점하다시피 하고 있다. 인촨에서 고급 해물요리 전문점은 모조리 광둥 사람들이 열고 있다. 장사가 잘되는 상가의 주인은 원저우 사람이며, 제일 좋은 건축물은 모두 타지에서 온 사람들이 짓는다. 닝샤 사람들은 그들 밑에서 일하는 노동자로 전락하고 말았다. 이들의 생활은 기본적으로 전통적인 농업 사회에 머물러 있다.

한 닝샤인의 말에 따르면, 닝샤 사람들의 사업에 대한 관심이 시장 경제를 따라잡지 못한다고 한다. 닝샤 사람들이 과거에 가졌던 모험 정신이 사라짐과 동시에 과거 닝샤의 영광은 이미 존재하지 않는다. 오늘날 닝샤 사람들은 지리·정책·인문·환경적인 요소의 영향으로 보수적이고 닫힌 시각을 유지하고 있다. 그들은 시야가 좁고 개척정신이 부족하다. 게으름과 한가로움이라는 단어는 이제 닝샤 지역의 상징이 되었다. 그는 이 때문에 더욱 진취적인 모험 정신과 경쟁의식이 사라졌다고 말했다. 그 근거로 일인당 자원이 전국적으로 꼴찌에서 세 번째인 저장성과 비교할 때 닝샤는 훨씬 풍부한 자원을 가지고도 경제 발전은 저장성에 크게 뒤떨어져 있다는 사실을 들었다. 저장성은 2005년 현재 개인 사업자의 수가 168만 명인데, 닝샤의 민영기업은 다 합쳐도 30만 개가 넘지 않는다. 이마저도 외지인이 닝샤에서 창업한 민영기업을 포함한 숫자다. 일부 닝샤 사람들은 왜 푸젠이나 저장 사람들만 큰 사업을 하고, 닝샤 사람들은 고작해야 그들 밑에서 일하는 처지에 머물러야 하는지 스스로 의문을 갖는다. 황하가 닝샤에 부유함을 가져왔다는 말도 있지만, 비옥한 땅에서 농사를 짓는 생활은 닝샤 사람들을 현실에 안주하게 만들었다. 그들은 강한 투지보다는 온화한 성품을 더 많이 드러낸다.

닝샤 사회과학원 레이싱쿠이(雷興魁) 부원장의 말에 따르면, 닝샤 지방은 내륙 지방이라 예로부터 농업과 목축업 위주의 생활을 해왔기 때문에 몇 천 년 동안 외부와 단절된 채 경제 교류가 없는 상업적 소외 지역에 속한다고 한다. 그래서 사람들은 자신도 모르는 사이에 상업 경제가 정당하지 않게 돈을 버는 수단이라고 여기게 되었으며, 전통적으로 농업을 중시하고 상업을 경시하게 되었다. 이러한 생각은 상업과 시장 의식의 도태를 가져왔고, 여기에 지리적으로 고립된 불편한 교통 환경이 더해져 닝샤 사람들은 점점 더 보수적으로 변해갔다. 황하는 닝샤 사람들에게 풍부한 자원과 비옥한 토지를 제공했지만, 한편으로 배불리 먹고 따뜻하게 입는 생활에 안주하는 태도를 갖게 했다. 전원적이고 목가적인 농경 생활이 중원 문화를 만들었고, 이런 문화적 토양에서 나고 자란 닝샤 사람들은 현실에 안주하는 보수적인 사고방식을 가지게 된 것이다.

구위안(固原) 여인들의 강인함

닝샤 사람들을 이야기할 때 구위안 여성들을 빼놓을 수 없다. 구위안은 차가운 바람과 강한 햇빛, 건조한 공기, 사막에서 불어오는 모래 바람으로 유명하다. 이 때문에 여인들의 얼굴은 거칠고 건조하며 검게 그을려 있다. 여인들은 어릴 때부터 추위에 뺨이 얼어 그 영향으로 평생 붉은 얼굴로 지내야 한다. 마치 연극을 할 때 연지를 바른 것 같은 그녀들의 붉은

닝샤의 화아(花兒)
화아는 간쑤, 칭하이, 닝샤, 신장 일대 소수민족에서
유래된 남녀 간의 정을 노래한 연가로, 매년 음력 6,
7월이 오면 닝샤에서 성대한 화아회(花兒會)가 열려
사람들이 함께 춤추고 노래하며 즐거운 분위기를 연
출한다.

뺨은 외지인에게 순박한 구위안 토박이 여인들의 면모를 보여준다.

구위안 여인들은 유행을 따라 차려입지는 않지만 유행하는 색조에는
민감한 편이다. 구위안에서는 어떤 색이 한번 유행하면 상당히 빠른 시간
안에 전 지역에 퍼진다. 붉은색이 유행하면 거리는 온통 붉은색으로 물들
고, 푸른색이 유행하면 재빨리 푸른색 도시로 바뀐다. 구위안 여인들은
여름철에는 치마를 즐겨 입는다. 거친 이곳 날씨와 추위로 인해 1년 중
대부분을 긴 바지를 입고 지내기 때문에 여름이 돌아오기만을 학수고대
한다. 비록 더운 날씨는 며칠 안 되지만, 여름 태양이 작열하면 그녀들은
가장 아름다운 치마로 갈아입는다. 점심 때 잠깐 입었다가 기온이 내려가
는 해질녘이 되면 다시 바지로 갈아입어야 하지만, 그녀들은 예쁜 치마를
입는 즐거움을 포기하지 않는다.

구위안은 비의 양이 적어 토지가 척박하고 자연재해가 잦다. 구위안 여인들의 삶 또한 누추하기 그지없다. 그러나 그녀들은 자신들의 땅에서 살아남고자 안간힘을 쓴다. 농촌 여인들은 갑자기 내리는 우박에 한철 농사를 망치지 않기 위해 분주히 뛰어다니고, 가을이 되면 외지에 나가 일을 하기도 한다. 도시 여인들은 인구가 밀집된 상가에서 노점상을 한다. 그 밖에도 구위안 여인들은 다양한 직업에 종사하는데, 건물을 짓는 공사 현장에서 따가운 햇볕 아래 머리에 벽돌을 이고 다니기도 하고, 채소를 경작하는 온실에서 고온을 견디며 잡초를 뽑고 비료를 주기도 한다. 거리 곳곳에서는 먼지를 뒤집어쓰고 채소를 파는 구위안 여성들을 쉽게 볼 수 있다. 찻집과 식당에서는 구위안 여인들이 손님을 극진히 모신다. 그녀들은 재봉, 미용, 요리 관련 직업은 물론 DVD 대여점에서도 일하고 신발을 만들거나, 거리 청소원, 타자원 또는 초 · 중등학교의 교사로 일하기도 한다. 노동 수출의 행렬에서 구위안 여인들은 그 뛰어난 생활력으로 늘 선두에 선다.

구위안 여인은 다른 지역의 여성들이라면 견디지 못할 시련도 능히 견뎌낸다. 여기에 그녀들의 비범함이 있다. 구위안 여성은 대체로 수줍음이 많다. 하지만 수줍음 속에서 신중함을 찾아볼 수 있으며, 반대로 긍지 속에서 열등감을 엿볼 수 있다. 아직 바깥 세상에 가본 적이 없는 구위안 여성은 세상 구경을 많이 한 타지 여인에 비해 태도나 표정이 조심스럽고 무게가 있다. 그러나 현대사회에서는 여인들에게도 당당할 것을 요구하므로 구위안 여성들은 상대적으로 부족해 보이고 더욱 위축된다.

한편 구위안 여성들은 일과 사람을 대하는 데 있어 꾸준한 편이다. 한마디로 자신의 개성을 드러내지는 않지만, 마음속에는 결코 남에게 굽히지 않는 야심이 있다. 바로 이것이 그녀들이 삶에 대한 강인한 노력을 늦추지 않는 결정적 이유다. 이러한 야심은 타지 여성들이 결코 따라올 수 없는 구위안 여성들만의 큰 특징이자 장점이라고 하겠다.

닝샤에서의 금기 사항

닝샤 사람들은 대체로 함께 지내기가 수월하다. 이곳 사람들은 듬직하며 성실하고 사람들에게 친절하다. 비록 사업에 대한 관심은 적은 편이지만, 사람 자체의 됨됨이는 훌륭하다. 닝샤 사람과 교제할 때는 이슬람의 몇 가지 금기 사항에 주의해야 한다. 이 지역에는 회족이 많은데 그들은 예절을 중시하므로 이슬람교 성직자를 만나면 먼저 "살람!" 하면서 인사를 건네야 한다. 연장자에게는 공경하는 태도로 인사를 하며, 밥을 먹을 때도 연장자를 상석에 앉게 하고 따로 보살펴준다. 예의에 어긋나는 행동은 절대 허용되지 않는다. 식용가축을 '고기(肉)' 라고 불러서는 안 되며

‘채소(菜)’라고 해야 한다. ‘살이 쪘다(肥)’고 하지 말고 ‘건장하다(壯)’라고 해야 하며, ‘죽인다(殺)’는 말 대신 ‘잡는다(宰)’라고 해야 한다.

회족은 금기 식품을 엄격히 지킨다. 모습이 추하거나 성질이 사납다고 여기는 개고기 · 돼지고기 · 노새고기 · 말고기는 먹지 않고, 발굽이 갈라지고 되새김질 하는 양 · 소 · 사슴 · 낙타 · 토끼 등의 고기만 먹는다. 조류 중에서는 닭 · 거위 · 오리 · 비둘기 고기를 먹고, 수산물 중에는 물고기와 새우 등을 먹는다. 이렇게 먹을 수 있는 동물 중에서도 스스로 죽었거나 회족이 아닌 사람들이 도살한 것은 먹지 않고, 이슬람 사원 관계자나 성직자가 도살한 것만 먹는다. 동물의 피도 먹지 않는다. 타지 사람들이 그들이 먹는 음식을 금지하는 음식으로 언급하는 것 또한 금한다. 그 밖에도 도박과 아편, 술을 금한다.

서하(西夏)의 왕릉 유적
인촨시에서 서쪽으로 40km 떨어진 곳에 있는 하란산(賀蘭山) 동록(東麓)은 서하 역대 왕릉묘의 소재지다. 능역 범위는 남북 10km, 동서 4km이며, 지형을 따라 8개의 능원과 십여 개의 순장묘가 흩어져 있다.

산시
陝西

우월감에 사로잡힌
왕조의 후예

산시의 사나이는 황토가 빚어내고 친링(秦嶺)이 만들어냈다. 황토의 기질이 곧 그들의 기질이요, 큰 산의 기질이 곧 그들의 기질이다. 산시 사람들이 먹고 마시는 것은 거친 음식과 술이다. 그들은 거친 옷감으로 짠 옷을 입고, 한 번에 먹는 양이 엄청나다. 큰 사발에 술을 마시며 큰 소리로 노래를 부른다. 산시 사람들은 요고(腰鼓)를 즐겨 치는데, 허리에 차고 양쪽을 두드리는 이 원통형 북의 소리가 황토 고원에 울려 퍼지면 천지가 진동하고 흙먼지가 하늘로 인다.

산시는 중국 고대 정치 · 경제 · 문화의 중심지였
다. 그중 주(周) · 진(秦) · 한(漢) · 당(唐) 왕조 시기는 산시 역사상 가장
흥했던 시기였다. 주나라는 예로써 천하를 다스리며 8백 년을 번성했고
진나라는 육국을 통일하고 봉건제도를 혁신했다. 한나라는 진의 제도를
계승했으며 당나라 때에 와서는 그 기세가 최고조에 달하면서 중국 역
사상 가장 빛나는 경제 문화를 이루어 지금까지도 그 영향력을 미치고
있다.

산시 사람들은 순박하고 따뜻하면서도 솔직하고 호탕하다. 이 지방의
전통극이 우렁차고 격하며, 전통 노래 신천유(信天游)가 단순하면서 멀리
퍼지는 것도 산시 사람들의 특징이 반영된 것이다. 산시 북쪽 지방 사람

안새요고(安塞腰鼓)
안새요고는 빠르고 역동적이며 힘찬 동작으로 고조에 달했을 때 그 북소리와 함성이 천지를 울린다. 황토 고원의 산시(陝西) 북부 사람들은 이렇게 호탕하고 분방한 형식으로 자신들의 감정을 남김없이 표현한다.

들은 산시의 다른 지역 사람들에 비해 더 열정적이고 솔직하나, 관중 사람들은 마음속에 꿍꿍이가 있는 것처럼 보이고, 산시 남쪽 지방 사람들은 관중 사람들에게 나타나는 엉큼함이 없으면서 산시 북쪽 사람들보다 약간 더 세련되었다.

산시는 뛰어난 문인들을 배출한 고장이기도 하다. 전통은 산시인의 재산이자 무거운 부담으로 작용하기도 해 보수적이고도 고집스러운 성격을 형성했다. 하지만 영광스러운 역사에 비해 낙후된 현실은 그들에게 커다란 상실감을 안겨주어 그들은 자랑스러움과 열등감을 동시에 가지고 있다.

산시는 지역이 좁고 길어서 산시 북쪽, 관중, 산시 남쪽의 세 부분으로 나뉜다. 지역에 따라 환경도 다를 수밖에 없으며 사람들의 특성도 제각각이다. 북부의 황토 고원은 『인생(人生)』의 작가 루야오(路遙)를 배출했고, 남부는 『폐도(廢都)』의 작가 자핑아오(賈平凹)를 길러냈다. 산시의 남과 북을 대표하는 유명한 두 문인의 작품 속에 등장한 인물들은 산시 사람의 성격을 고스란히 대변하고 있다.

북부 지방이 고원 문화 위에 간간히 초원 문화가 섞여 있다면, 남부 지방은 장강 문화로 붉은 꽃을 피우고 황하 문화로 녹색 잎을 틔웠다고 할 수 있다. 그래서 보수적이면서도 개방적이며 거친 듯하면서도 지혜롭고 손재주가 뛰어나다. 투박한 듯하면서도 매끄럽고, 시련을 견디는 인내심이 있는가 하면 안일한 면이 없지 않다. 현실에 안주하면서도 조바심이 많아 불안해한다. 산시 사람의 성격은 직선적이고 시원시원하다. 온화하면서도 계략이 뛰어난 남방 사람들과는 다르다. 산시 사람들은 광둥 사람들과 저장 사람들이 말할 때 소곤댄다고 곧잘 흉을 보기도 한다. 같은 서북 사람이라도 간쑤 사람과 산시 사람 사이에는 큰 차이가 있다. 산시 사람들은 충의와 신용을 중시하고, 유쾌한 성격으로 작은 일에 얽매이지 않으며 성격이 급하다. 그에 비하면 간쑤 사람들은 차분하고 온화하여 어떤 일이라도 서두르는 법이 없다.

황토 고원에 펼쳐지는 민요의 바다

산시에 가면 민요의 바다에 온 듯한 착각에 빠진다. 음악 소리를 들으면 산시 사람들의 내면에서 우러나오는 기쁨과 만족할 줄 아는 심성을 느낄 수 있다. 또한 "팔 척 사나이를 눈물 흘리게 하고 출가한 아가씨도 돌아보게 한다"는 진강(秦腔) 산시의 민요에서는 우렁차고 격앙된 정서를 느낄 수 있다. 관중의 민요는 청아하고 고상하면서도 변화무쌍하다. 산시 남부의 민요는 부드럽고 화려해서, 아름답고 나긋나긋한 강남 여성들의 자태를 닮았다.

산시 미즈(米脂) 여자는 아름답기로 유명하다. 고운 피부와 버들가지처럼 가는 허리, 풍만한 둔부를 가진 미즈 여인의 아름다움은 강남 지방 여인들의 호리호리한 아름다움과는 다른 독특함을 풍긴다. 풍만한 몸매에 깃든 부드럽고 고운 감성은 지방 여인들만의 매력이다. 게다가 허리에 차고 양쪽을 두드리는 원통형 북의 소리가 황토 고원에 울려 퍼지면 천지가 진동하고 흙먼지가 하늘로 인다. 공예품 등을 만드는 솜씨도 뛰어나며, 특히 가위로 종이를 잘라 만드는 전지공예(剪紙工藝)는 세계적으로도 유명하다. 그림자 인형극에 사용되는 인형이나 진흙으로 빚은 인형, 목각 인형 등이 이곳의 특산물이다.

산시 사람들은 각박하지 않은 분위기에서 오늘날의 문화를 창조해냈

결혼식의 꽃가마 행렬
산시의 일부 지방에는 전통 결혼식 풍습이 남아 있다. 꽃가
마는 이런 날 빠지지 않는 도구로 결혼식의 분위기를 한껏
고조시킨다.

다. 아직도 진나라와 한나라의 유적으로 가득 차 있는 산시 지방에서 서

부 대개발이라는 요란한 호각 소리도, 말채찍 소리와 낙타의 방울 소리

에 묻혀 멀리 날아가 버렸다. 그들만의 특수한 방식으로 새로운 세기의

개방을 맞이하고 있는 것이다.

음식에서도 드러나는 시원시원한 성격

산시 사람들의 성격은 한마디로 시원시원하다. 이러한 성격은 그들의

일상생활에서도 배어나온다. 산시성 10대 명물이라 하여 국수 면발이

허리띠만 하고 밀전병 하나가 웬만한 가마솥 뚜껑만 하며 찐빵은 큰 사발만 하고 사발은 세숫대야만 하다. 이 지방에서는 고추도 요리의 한 종류다.

그중에서도 허리띠만큼 굵은 국수 면발에 대해 이야기해보자. 산시 사람들은 국수를 즐겨 먹는데, 면발이 얼마나 굵고 긴지 허리띠에 비유할 정도다. 남방 사람들이 좋아하는 가늘고 부드러운 면발과는 완전히 다르다. 산시의 전통 면은 그 폭이 자그마치 두세 치(약 6~10cm)에 달하고 길이도 1미터가 넘는다. 두꺼운 부분은 웬만한 동전 두께 저리 가라 할 정도로 두껍고, 얇은 부분은 매미 날개를 방불케 한다. 면발 한 가닥으로 한 끼를 때울 수 있을 정도다.

관중 사람들은 먹는 양이 많아서 한 근이나 되는 양도 가볍게 먹는다. 밀가루 반죽은 두껍고 크게 하는데, 이렇게 만든 국수는 익혀서 고기 양념을 하거나 고추기름을 뿌려, 부드럽고 뜨끈하며 매끄럽고 쫀득거려 맛이 좋으면서 속도 든든하다. 목을 길게 빼고 후룩후룩 소리를 내가면서 한 그릇 먹고 트림 한 번 하고 나면 온 몸에 힘이 퍼진다. 이렇게 든든하게 먹고 나면 산에 올라 돌을 지고 대여섯 시간씩 노동을 해도 배고픈 줄 모른다고 한다.

산시의 밀전병도 크기에서 단연 압도적이다. 당나라 건능을 축조하는 데 동원된 군인과 기술자들은 그 수가 워낙 많아 밥 먹는 데만 해도 오랜 시간이 걸렸다. 따라서 공사 시간에 늦어 벌을 받는 사람이 많아 한 병사가 밀가루 반죽을 투구에 넣고 이를 불에 구워 밀전병을 만들어 먹은 것이 유래가 되었다고 한다. 밀전병은 이미 천 년의 역사를 가진 음식이다. 밀전병을 만들 때는 밀가루 반죽을 되게 해야 한다. 손으로 늘리기가 어려워 나무로 된 밀대로 밀어 납작하게 만든 다음 직경 두 자(약 60cm) 이상의 큰 솥에 넣고 천천히 굽는다. 이렇게 만들어진 밀전병은 겉은 바삭하고 속은 부드러워 고소하고 맛이 있으며, 열흘을 두어도 그 맛이 변하지 않는다고 한다.

솥뚜껑만큼 큰 밀전병은 산시 사람들의 호방한 성격을 보여준다. 이렇게 시원시원하고 솔직한 성격이 때로는 거칠게 보일 때도 있다. 산시 사람들은 밥 먹을 때 야오저우(耀州)에서 생산하는 직경이 한 자나 되는 백자청화대접을 즐겨 사용한다. '라오완(老碗)'이라고 부르는 이 대접은 크기가 하도 커서 세숫대야와 구별이 안 될 정도다. 관중 농촌에서는 밥 때가 되면 마을 어귀와 집 앞, 나무 밑 할 것 없이 남자들이 세숫대야만한 대접을 든 채 쪼그리고 앉아 함께 이야기를 나누며 식사하는 모습을 볼 수 있다. 이것이 유명한 라오완회(老碗會), 즉 '밥그릇 모임'이다. 힘든 일을 많이 하는 농촌 사람들은 밥도 많이 먹는다. 집을 나서기 전 큰 밥그릇으로 하나 가득 떠서 먹으면 밥 먹으러 집에 다시 들어오는 수고를 덜 수 있다.

산시 사람들은 직설적으로 말하는 편이다. 목소리도 높아서 마치 온 힘을 다해 외치는 것처럼 보인다. 그들의 언어에는 고대에 쓰던 용어가 많이 남아 있다. 오늘날 외지 사람들이 산시 사람들의 말을 거칠다고 평가하는 것은 오해일 뿐이다. 이들은 말을 돌려서 하지 않는다. 아는 것은 알고, 모르는 것은 모른다고 말한다.

산시의 도로는 동서남북을 향해 직선으로 뻗어 있다. 산시의 시안(西安)은 전형적인 정방형의 도로다. 시안에 가면 자기도 모르게 정기가 샘솟는 것을 느끼게 되는데, 그것은 넓고도 곧게 뻗은 도로가 주는 시원함 때문이다.

스스로 선택한 외부와의 단절

산시의 농촌에 가면 집집마다 담이 집의 절반을 덮고 있어 비가 담 안으로 들어가지 않게 해놓은 것을 볼 수 있다. 농가의 창문은 모두 담 안쪽을 향해 열려 있고 바깥쪽을 향한 창은 없다. 그래서 외부사람이 집안을 들여다 볼 수 없음은 물론 집안에서도 바깥 풍경을 볼 수 없다. 디야오(地窯)라고 하는 관중의 토굴집은 외부와 더욱 단절되어 있어 마을 전체가 지하에 있고 한 집에서 사각형의 흙구덩이를 내어 마당으로 삼았다. 삼면이 토굴집인데 한 쪽 면은 땅 위로 나가는 통로여서 마치 무덤의

산시의 동굴집
산에 의지해 산을 먹고, 물에 의지하여 물을 먹고 산다
는 말처럼 황토와 땅에서 살아가는 사람들은 독특한 주
거 문화를 창조했다. 그들은 동굴집을 짓고 사는데 겨울
에는 따뜻하고 여름에는 시원하며 동굴집 위로는 차와
사람이 지나다닐 수 있다.

입구같이 생겼다. 이 통로와 창문은 모두 뜰을 향해 나 있어서 통풍이 되
지 않는다. 이런 주거 방식은 상당한 정도로 산시인의 자폐적인 심리를
반영하고, 대를 이어 외부와 단절하는 문화를 만들어냈다.

도시도 마찬가지다. 문화유산으로서 시안 성벽의 가치는 그 무엇과도
비교할 수 없다. 산시 사람들이 성벽을 사랑하고 집착하는 이유는 자랑
스러워서이기도 하지만 자신을 가두고 외부와 스스로 단절됨으로써 편
안함을 느끼는 잠재의식 때문이기도 하다. 이러한 태도는 역사의 거울을
들여다보며 과거의 우아한 자태를 발견하고 그 시대의 영화를 그리워하
는 심리에서 나온 것이다. 산시 사람들의 이야기 속에는 과거 주나라와
진나라, 한나라, 당 왕조시대의 이야기가 빠지지 않는다.

그 밖에도 천 년이 넘는 중앙 왕조의 우월감과 중화 문화의 정통 계승

자라는 자부심이 있다. 다른 사람은 모두 변방 오랑캐 정도로 치부하는 이 우월감은 사실상 산시성 사람들의 자폐적 성향을 더욱 배가시켰다고 할 수 있다. 외부와의 단절된 생활은 끊임없이 변하는 현실 생활을 부정하는 결과로 나타났다. 작은 부에 만족하는 것은 산시 사람들의 오랜 습관이다. 1960년대 관중 지방에서는 먹고사는 데 부족함이 없으면 넉넉한 삶이라고 자족하는 생각이 유행했다. 이는 관중 사람들이 자신의 생활을 산시 북쪽, 산시 남쪽 사람들과 비교한 후에 한 말이다. 산시 사람들이 가장 이상적으로 생각하는 생활은 배불리 먹는 것이다. 그들에게 무엇을 어떻게 먹느냐는 중요하지 않다. 식생활과 정신생활의 질을 논한다는 것 자체가 사치스러운 일이었기 때문이다. 이제 개혁 개방이 된 지 30년이 가까워지는 오늘날, 부유한 남방 사람들의 관심이 어떻게 하면 부자가 되는가에 쏠려 있을 때 산시 사람들은 여전히 배불리 먹으면 그만이라는 안빈낙도의 삶을 최고로 치고 있다. 이곳 농민의 연간 소득은 높지 않지만 사람들은 모두 만족하고 행복을 느낀다.

시안 교외의 농민들은 도시가 발전하면서 토지를 잃었다. 그중에는 땅을 판 돈을 종자돈 삼아 사업을 하는 사람도 있지만 대부분은 땅이나 부동산 임대업을 하며 게으르고 한가한 생활을 한다. 시안의 상가에서 옷감, 인테리어, 음식을 다루는 점포는 모두 저장성과 쓰촨성 출신이 점령했다. 더 많은 시장의 틈새는 다른 외지인에게 점령되어 있다. 시안 사람

시안의 옛 성벽

들의 돈이 타지 출신의 주머니로 흘러들어가다 보니 타지 사람들이 시안
에 집을 마련하고 온 가족을 데리고 와 생활하면서 몇 개의 커뮤니티를
형성하기도 했다. 부촌의 대명사인 시안 저장촌도 그중의 하나다.

산시 사람과 관계 맺기

순박하고 열정적인 산시 사람들은 이익에는 관심이 없고 계산적이지
않아 이들과 어울리면 마음이 상당히 편안해진다. 물론 모든 사람이 그런
것은 아니지만 이들은 유구한 역사와 문화를 배경으로 한 향토의 기질이
있어서 비즈니스 경쟁이 치열한 오늘날에도 여전히 자신만의 고집스러운

색깔을 유지하고 있다. 따라서 이들과 친하게 지내려면 계산적인 태도부터 버려야 한다. 산시 사람들은 소박하지만 그렇다고 꽉 막히지도 않아 속으로는 당신의 꿍꿍이를 다 알고 있다. 그들은 남방 사람만큼 치밀한 계산하에 사람을 대하지 않는다. 그들의 문화에는 이른바 윈윈 전략이 자리 잡고 있는 것이다. 호혜와 평등을 중시하는 그들은 한쪽이 일방적으로 이익을 얻는 것은 감정적으로 받아들이지 못한다. 그들은 자신이 덕이 부족한 사람이 되는 것을 결코 원치 않고 그런 일을 하는 것도 원치 않는다. 마찬가지로 상대방이 자기에게 손해를 끼치는 것도 용인하지 못한다. 그들은 돈도 벌어야 하지만 친구도 중요하다고 여긴다. 일을 하는 데 상대의 입장을 살피는 여지가 있어야 한다는 것이다. 그래서 너무 자기 입장만 내세우는 사람은 멀리한다.

산시 사람들은 직설적이므로 이쪽에서도 우회 전략 대신 정공법으로 대해야 한다. 그들은 할 말이 있으면 기피하지 않고 바로 해버리며, 이야기를 하다가 뜸을 들이는 것을 절대로 참지 못한다. 주변에 이런 사람이 있으면 조바심이 나서 견디지 못한다. 그뿐 아니라 뜸 들이는 사람은 틀림없이 무슨 꿍꿍이가 있다고 생각해서 멀리한다.

산시
山西

북방의 남방인,
중국의 유태인

산시 사람들은 북방 사람에게서 흔히 보이는 일종의 소박함이 있으며 솔직하고 담백하다. 하고 싶은 말이 있으면 빙빙 돌리지 않고 나오는 대로 하는 편이다. 지나치게 솔직해서 가끔 듣는 사람의 비위를 거스르는 경우도 있다. 그러나 반대로 오히려 진실한 정보를 얻을 수 있기도 하다. 필요없는 말로 시간을 낭비하지 않기 때문이다. 그들과 잘 지내려면 마음에 응어리를 품어서는 안 된다.

고대 황제가 중시하는 두 지역이 있었으니 그중 하나는 쓰촨(四川)이요, 하나는 산시다. 쓰촨에서는 곡식과 돼지만 충분하면 천하를 안정시킬 수 있었다. 즉 쓰촨의 곡식이 풍작이면 돼지를 살찌울 수 있기에 충분한 돼지고기를 확보해 백성들이 편안하게 보낼 수 있었다. 산시에서는 식초와 일종의 소주인 이 지방의 술 분주(汾酒)만 있으면 백성들이 태평성대를 누릴 수 있었다. 산시의 물은 알칼리성이 강해서 음식에 식초 성분을 넣어 중화시켜 먹었다. 오랫동안 식초는 이들의 생활에 없어서는 안 될 필수품으로 자리 잡았다. 아무리 맛있는 음식도 식초로 간을 해야 비로소 제 맛이 난다. 이곳에서 가장 흔한 양념은 바로 토마토다. 국수를 그릇에 담고 토마토 양념 두 큰 술을 넣는데 그것으로는 완벽한 맛이 나지 않는다. 이때 빠질 수 없는 것이 식초다. 식초를 넣는 순간 국수의 맛은 180도 달라진다. 산시에 가보지 않고 식초의 맛을 논하지 말라는 말이 있을 정도로 국수와 산시의 식초는 찰떡궁합이다. 산시의 명물 칼국수 다오샤오몐(刀削面)이 유명한 이유는 밀가루를 되게 반죽해 식칼로 깎아 만드는 독특한 방식 때문이기도 하지만 그보다는 그 맛이 일품이기 때문이다. 다른 곳에서도 다오샤오몐을 맛볼 수 있지만 모양만 같지 본고장의 맛은 좀처럼 내지 못한다. 산시의 식초가 빠졌기 때문이다.

산시의 식초는 1368년에 훈증법으로 제조한 라오천추(老陳醋)라는 식초가 그 기원이다. 라오천추는 수수·완두·보리·쌀겨·밀기울을 원료로 여러 가지 맛과 영양성분이 어우러진 식초다. 산시의 식초는 살균작용과 감기 치료 같은 약용 기능도 가지고 있어 조미료를 지나 건강에 좋

오대산(五臺山 : 우타이산)의 영봉승경(靈峰勝境)의 설경
오대산은 산시성 동북부의 신저우(忻州)시에 있으며 쓰촨 아미산(峨眉山 : 어메이산), 저장 보타산(普陀山 : 푸퉈산), 안후이(安徽) 구화산(九華山 : 주화산)과 함께 중국 4대 불교 명산으로 꼽힌다.

은 식품이기도 하다. 산시에서 식초는 이미 문화의 일부가 되었으며 이들의 성격 형성에도 큰 영향을 끼쳤다.

산시는 지리적으로 변방 지역에 위치해 있다. 그런 지방의 사람들이 보통 그렇듯 호방하고 용맹스러울 것 같지만 산시 사람들의 성격은 사실 그와는 반대다. 그래서 산시 사람들을 북방인 중의 남방인이라 하고 후난(湖南) 사람들을 남방인 중의 북방인이라고 한다. 옛날에는 강남 지역에서 병사를 많이 뽑았는데 그중에서도 후난 출신을 많이 선택했다고 한다. 이 지역 사람들은 특히 힘이 넘치고 용맹스러워 전투를 잘했기 때문이다. 역사적으로 각 왕조에서 재상을 뽑을 때는 산시 사람을 선호했다고 하는데 그 이유는 산시 사람들의 지략 때문이다. 식초에 관해 전해오는 재미있는 이야기가 있다. 당 태종(太宗) 이세민이 나라를 세우는 데 공을 쌓은 재상 방현령(房玄齡)에게 보답하기 위해 미녀를 첩으로 하사하

라오추(老醋) 메밀면
국수는 산시 사람들이 가장 즐기는 음식이다. 메밀면을 뽑아 이 지역 특산물 산시 라오추(老醋)로 맛을 내는 라오추(老醋) 메밀면은 산시 음식 중의 별미다.

려고 하자 기가 센 방현령의 부인이 이를 허락하지 않았다. 그 말을 전해 들은 황제는 어주(御酒)와 독주 한 항아리씩을 방현령의 처 앞에 가져다 놓고 자기 말대로 하지 않으면 독주를 줄 것이며 자기 말을 들으면 어주를 하사하겠노라고 했다. 어주란 물론 분주(汾酒, 펀주 : 산시성 펀양현(汾阳縣)에서 생산되는 백주-옮긴이)였다. 고집이 센 방현령의 처는 독주라고 말한 항아리를 냉큼 들어 마셔버렸다. 황제는 그녀를 놀려주려고 했던 것인데 독주를 마셔버려 매우 당황했다. 그러나 그 독주는 알고 보니 라오천추였다. 이때부터 "초를 마시다(吃醋)"라는 말이 "질투하다"라는 뜻도 갖게 되었다. 오늘날의 산시 사람들은 라오천추를 홍보할 때 새로운 견해를 추가한다. 친한 사람끼리 정담을 나눌 때 이제까지 찻집이나 술집을 갔다면 이제는 장소를 '식초 카페'로 바꿔보는 것이 어떠냐는 것. 라오천추는 이제, 그곳 사람들의 정서에 더욱 적합한 문화 코드가 되어 곳곳에서 짙은 향을 풍기고 있다.

신용과 성실이 담보

관운장(關雲長, 關羽)은 천 년 전 사람이지만 전형적인 충신으로 산시 사람들을 대표한다. 산시 사람들의 충후함은 그 지리적 위치와 큰 관련

산시 일승창기(日昇昌記)
산시 상인, 특히 산시 어음 취급 상인들은 천하를 누비
고 다니면서 중국 역사의 한때를 장식했다. 명나라 시대
에 진상은 이미 전국에 유명했다. 일승창기(日昇昌記)는
산시 최초의 어음 취급 개인 금융기관이었다.

이 있다. 산시는 상대적으로 비교적 외부와 단절된 내륙에 자리 잡고 있
는데 이러한 환경은 산시 사람들의 보수적인 성품과 함께 의를 저버리지
않는 정직한 성품을 형성했다. 역사를 통해 산시의 '진상(晉商 : 晉 은 중
국의 산시성을 가리키며 진상은 산시성의 상인을 뜻함-옮긴이)' 은 전국 각지
를 돌며 대규모 상업에 종사했다. 산시 사람들이 이렇게 큰 장사를 할 수
있었던 것은 그들이 매우 정직했기 때문이다. 당시 중국에는 은행이나
보험회사 같은 신용기관이 없어 큰 규모의 장사를 하는 데 필요한 돈을
친척이나 친구로부터 빌려야 했다. 이때는 순전히 당사자의 약속이라는
신용만이 담보였다. 거짓말만 하고 교활한 사람에게 돈을 빌려줄 사람이
어디 있겠는가? 당연히 신용 좋은 사람만이 돈을 빌릴 수 있었다. "똑똑
한 사람은 작은 장사를 하고, 정직한 사람은 큰 장사를 한다"라는 말이

있듯이, 산시 진상들 사이에 널리 전해지는 장사 비결은 다름 아닌 신용과 성실이다.

재테크의 대가들

황토 고원에 자리 잡은 산시는 기후가 건조하고 삼림이 적어 강한 서북풍과 모래바람이 분다. 사람들은 겉으로는 투박해 보이지만 북방인이면서도 남방인의 꼼꼼함을 가졌다. 산시 사람들의 꼼꼼함은 정평이 나 있다. 진상 문화에 대한 재조명 작업이 벌어지면서 산시 상인들에 대한 평가도 달라졌는데 이들은 예부터 재테크에 능한 것으로 유명하다. 춘추 시대의 유명한 도주공(陶朱公)과 어깨를 나란히 하는 거부 의돈(猗頓)이 산시 출신이고, 민국 시대의 재정부장 공상희(孔祥熙)도 산시 출신이다. 국민당 신군벌 염석산(閻錫山)도 재테크에 일가견이 있었다. 그는 군벌 통치를 하면서 군수품 공장과 철강회사를 세웠으며 심지어 영화회사까지 세워 당시 산시의 경제를 전국 최고로 끌어올렸다. 신중국 수립 후 중국인민은행의 초대 행장도 산시 사람이었다.

산시 사람들에게 재테크는 첫째, 근검절약이다. 가난한 사람이나 부자나 이는 똑같이 중요하게 여기는 철학으로, 그들은 절약해서 돈을 모아 없을 때를 대비했다. 아무리 부자라도 애써 모은 재산을 자손 대에 가서 흥청망청 써버리면 대대로 가난을 면할 수 없다는 사실을 뼈저리게 인식했기 때문이다. 따라서 애써 모은 재산을 함부로 쓰지 않고 신중하게 소비하며, 항상 돈을 남겨두어 만일의 경우에 대비한다. 이들에게 근검절약은 일종의 도덕적 가치관이다. 이는 부자에게도 예외가 아니다. 재테크의 두 번째 이유는 전국적으로 유명한 진상을 통해 알 수 있듯이 근검절약을 기반으로 발휘된 그들만의 금융 의식이었다. 그들은 어음을 발명했으며 명·청 시대까지 이를 독점했다. 명·청 왕조 이래 5백 년 동안 진상의 발전은 정점에 달했다. 당시 "참새가 날아갈 수 있는 곳이라면 어디에나 산시 상인이 있다"라는 말이 유행할 정도였다. 이때 중국인의 척도와 수량, 도량 관념과 이런 관념을 기반으로 하는 금융이 가장 발달한 곳이 산시였다. 산시 상인은 진상으로 불렸고, 안후이의 휘상(徽商)과 어

교가대원(喬家大院)
치현(祁縣)에 있는 교가대원은 청대 건륭 연간(1736~1995) 진중 지역에서 활약하던 거상인 교치용(喬致庸)의 저택이다.

깨를 나란히 하면서 전국을 상대로 사업을 했으며 나아가 외국까지 진출해 막대한 부를 축적했다. 청나라의 국가 재정과 세수(稅收)는 대부분 산시 사람들이 부담했다고 해도 과언이 아니다. 그러나 거부는 최초에 작은 보따리 장사에서 시작했거나 소자본으로 시작한 잡화점이 대부분이었다. 이런 과정에서 산시 상인은 능숙한 재테크로 성공을 일궈냈다.

그들을 중화시킨 식초

북방인이 흔히 그렇듯이 산시 사람들은 성격이 소박하며, 하고 싶은 말이 있으면 빙빙 돌리지 않고 나오는 대로 하는 편이다. 가끔은 지나치게 솔직해서 듣는 사람의 비위를 거스르기도 한다. 그러나 이런 산시 사람들과 교류하면 상대방의 말 중에서 오히려 진실한 정보를 얻을 수도 있다. 필요없는 말로 시간을 낭비하지 않아도 되기 때문이다. 그들과 잘 지내려면 마음에 응어리를 품고 있어서는 안 된다. 산시 사람들은 듣기 좋은 말로 현혹하기보다는 소박한 마음을 드러내는 것을 더욱 중요하게 생각한다. 그러므로 단순화시키는 것이 그들의 호감을 얻는 좋은 방법이다. 또한 북방인 속의 남방인이라는 평가대로, 남방인의 세밀함과 꼼꼼함을 가지고 있다. 산시 사람을 처음 대할 때는 다소 투박하다는 인상을 받지만 좀 더 지나면 다른 면을 발견하게 된다. 어쩌면 그들이 즐겨 마시는 식초가 북방인이 지닌 투박함과 딱딱함을 중화시켰는지도 모르겠다. 그래서 산시 사람들과 교류할 때는 거친 면 뒤에 세심함이, 꼼꼼함 뒤에 투박한 면이 숨어 있는 그들의 모순된 성격을 파악하여 적절하게 대처해야 하며 결코 한쪽으로만 치우쳐서는 안 된다.

대우치수도(大禹治水圖)
대우(大禹)는 하(夏)왕조의 개척자로 황하가 범람할 때 태원분지(太原盆地)에서 물을 잘 다스린 업적으로 유명하다.

산시 사람과 관계 맺기

의를 저버리지 않는 산시 사람들은 장사를 할 때도 신용을 가장 중시한다. 그들의 이러한 장사 철학은 근래에 들어서 직업 도덕과 공정한 경쟁을 위한 시장 규칙을 준수하는 행동으로 나타나, 탁월한 성과와 함께 사회적으로도 호평을 받고 있다. 따라서 산시 사람과 거래를 할 때는 마음을 놓아도 좋다. 그들은 결코 눈앞의 이익에 눈이 어두워 당신을 실망시키지 않을 것이다. 산시에는 맨손으로 사업을 일으켜 근검절약으로 거부가 된 사람들이 많다. 그래서 이들과 비즈니스를 할 때는 공연히 허풍을 떨지 말고 있는 그대로 보여줘야 더욱 신뢰를 얻을 수 있다. 당신이 맨주먹으로 사업을 시작했다는 사실을 알려주면 그들은 당신을 무시하지 않고 오히려 높이 평가할 것이며, 근검절약과 고생을 마다하지 않는 자세를 보여주면 당신을 진실하다고 여기고 친구로 받아줄 것이다. 어려운 조건을 딛고 분투하는 당신에게 그 어려움을 아는 산시 사람들은 더 큰 도움을 줄 것이다. 물론 이 모든 것은 성실과 신뢰를 기초로 한다.

산시 사람들의 사업에서 또 하나 중요한 특징은 박리다매, 생산과 판매의 결합이다. 이는 진상의 전통이기도 하다. 산시 사람들과 사업할 때는 이런 그들의 생각에 귀기울이고 그들의 방법을 배워 자신의 경쟁력을 높일 수 있다. 판매가를 너무 높게 잡으면 산시 사람들과 경쟁할 수 없으며 그곳에서 시장을 개척할 수도 없다. 그들의 특징을 잘 파악하여 산시 사람들과 공정하게 경쟁해야 하며 불공정한 수단을 쓰지 말고 순전히 실력과 전략으로 승부해야 한다. 그렇지 않으면 시장에서 밀려나는 것은 시간문제다. 그 밖에도 산시 상인들은 주식 지분제를 좋아하므로 그들의 주식회사 지분 참여 방식을 충분히 이용하여 각 주주의 권리를 중시해야 한다. 특별히 그중 한 사람과만 긴밀한 관계를 유지해서는 모두의 인정을 받고 사업을 지속해나갈 수 없다. 이들과 사업할 때는 합작의 방식을 취하면서 주식 지분 참여 형식으로 이익을 함께 나누고 리스크도 함께 부담하는 것이 좋다. 기업을 운영한다면 종업원 지주제를 채택해 직원들의 의욕을 북돋아주는 것도 좋다.

이들은 전통적인 경영 방식을 계승하고 그 범위를 확대하여 자금뿐 아니라 원료 · 상품 · 기술에도 광범위하게 운용한다. 따라서 산시인과 경

평형관 대첩(平型關大捷)
1937년 9월 25일, 팔로군 115사단은 평형관 대첩에서 승리하고 일본군 천여 명을 섬멸하여 일본 침략군의 기세를 보기 좋게 꺾고, 전국 군민의 항일 투쟁에 자신감을 불어넣었다.

제활동을 할 때는 전체 기업이나 업종을 마치 하나의 바둑판처럼 보고 각 부문 간의 긴밀한 연관성을 고려하여 통일적인 관점에서 배치하고 계획해야 한다. 그리고 자금을 활성화하고 시장 정보를 제때에 파악하여 신속하게 반응해야 한다. 그렇지 않으면 산시 상인에게 선수를 빼앗겨 버린다. 산시 상인은 정보를 중시한다. 그들과 사업할 때는 이러한 특징을 눈여겨보고 업계의 동정을 잘 살펴 시장과 라이벌의 근황을 파악해야 한다. 정보 수집은 정확하고 전면적이며 신속해야 한다. 그래야 정보를 경제 효과로 바꿀 수 있다. 오늘날의 정보전에서는 상대의 경쟁력을 파악하는 것 외에도 경쟁 상태, 즉 상품의 시장 점유율, 인지도, 판매 상황, 경쟁 전략 등을 파악해야 하며 국가의 정책, 법령, 시장 요구 상황, 소비 추세도 함께 알아봐야 한다.

간쑤

甘肅

생존력이 강한 서북 이리

간쑤 사람과 친구가 되려면 먼저 성실한 태도로 대해야 한다. 간쑤 사람들은 겉과 속이 똑같고, 정직하며 서북 지방 사람다운 선량함과 열정을 지녔다. 이들은 상대가 자신을 진심으로 대하고 마음으로부터 자신을 존중한다고 느끼면 그보다 두 배의 열정을 가지고 상대에게 보답한다. 의리를 중시하기 때문에 이랬다저랬다 하며 변덕 부리는 사람을 가장 경멸한다. 간쑤에는 회족이 많아서 이들과 교제할 때는 상대의 민족적 풍습을 존중하는 것도 매우 중요하다.

간쑤 사람들은 독립적이고 강인하면서 착실하다. 이들은 사색을 잘하고 용감하게 행동한다. 간쑤 출신 유명인들은 대부분 이런 성격을 가지고 있다. 간쑤 사람의 성격은 비교적 강하나 아무데서나 자신의 성격을 드러내지는 않는다. '동북 호랑이', '서북 이리' 같은 별명처럼 서북 사람들은 독립적이고 강인하며 어려움 속에서도 생존력이 강하다. 처음에는 좀처럼 친하게 지내기 어렵지만, 한번 이 사람이다 싶으면 모든 것을 내줄 정도로 마음을 준다. 그들의 이런 기질은 열악한 자연환경과 피비린내 나는 역사에서 비롯된 것이다.

하늘에서 란저우(蘭州)를 내려다보면 반경 수백 킬로미터 안에 란저우 시가지의 회색 시멘트 빌딩과 넓지 않은 초원의 녹색이 보인다. 하지만

황하 유역의 태평고(太平鼓) 공연
간쑤 란저우의 태평고는 6백 년의 역사를 지녔다. 명
나라 초기에 원나라로 원정을 떠났던 서달(徐達)의 군
대는 정월대보름을 맞아 부하들에게 길고 두꺼운 북
을 제작하도록 하고 민간의 사활대(社火隊)로 변장하
여 성에 진입했다. 그때의 공적을 기념하여 이 북을
'태평고'라 명명했다.

이를 빼면 시야에 들어오는 것이라고는 끝없이 펼쳐지는 망망한 황색의
산언덕뿐이다. 란저우는 강 양쪽 기슭 사이의 지면보다 낮은 하곡(河谷)
에 위치한 도시다. 황하가 몇 개의 산 사이로 란저우를 가로질러 흐른다.
이 황하를 터전으로 살아가는 간쑤성 사람들은 황하를 어머니 강으로 숭
배하고 존경한다. 이곳에서 가장 유명한 조각상에는 '황하 모친(黃河母
親)'이라는 이름을 붙이기도 했다.

간쑤의 조상들은 우유를 마시고 말발굽 소리를 들으며 자랐다. 그들의
몸에는 유목민의 피가 흐른다. 따라서 간쑤 사람들에게서는 소수민족과
한족의 성격이 동시에 나타난다. 유목 문화의 특징은 열정·호탕함·대
범함·강인함·소박함이다. 현대인들이 간쑤 사람들을 호탕하다고 평가
하는 것은 유목 문화의 배경 때문이다. 간쑤는 농경문화와 유목 문화가

석양을 받고 란저우 옆을 유유히 흐르는 황하
란저우는 1,400년의 역사를 가지고 있으며 산지가 많다. 이곳의 동쪽에서 서쪽을 향해 황하가 흐른다.

교차하는 지역이기 때문에 이 두 문화가 그들의 성격에 큰 영향을 미쳤다. 간쑤의 방언에는 몽골어의 언어 요소가 많다. 그리고 이들은 '무(武)'를 중시하는 정신이 강하지만 그렇다고 해서 싸움을 좋아하는 것은 아니다. '무'는 그들에게 특수한 정신적 의미를 갖는데, 아마도 왕조시대에 이곳에 주둔했던 군인의 후예이기 때문일 것이다.

간쑤 사람과 관계 맺기

간쑤 사람과 친구가 되려면 먼저 성실한 태도로 그들을 대해야 한다. 간쑤 사람들은 겉과 속이 한결같고 정직하며 서북 지방 사람 특유의 선

량함과 열정을 지녔다. 이들은 상대가 자신을 진심으로 대하고 마음으로
부터 존중한다고 느끼면 그보다 두 배의 열정을 가지고 상대에게 보답한
다. 또한 의리를 중시하기 때문에 이랬다저랬다 변덕을 부리는 사람을
가장 경멸한다. 간쑤에는 회족이 많아서 이들과 교제할 때는 상대의 민
족적 풍습을 존중하는 것도 매우 중요하다.

간쑤 사람들은 감정과 의리를 중시한다. 그들과 친구가 되었다면 당신
은 행운아인 셈이다. 이들은 마음속에 열정을 품고 있지만 말솜씨가 없

돈황막고굴(敦煌莫高窟)
막고굴은 돈황시에서 동남쪽으로 25km 떨어진 곳에
있는 불교 유적으로, 길이 1.6km에 달하는 크고 작은
불교 석굴과 불상 및 소조상이 계곡의 깎아지른 절벽
위에 우뚝 솟아있어 웅장한 기세가 장관을 이룬다.

어서 겉으로는 차갑게 보이기 쉽다. 따라서 이들과 이야기를 나눌 때에
는 적절한 수위를 유지하여 반감을 사지 않도록 해야 한다.

간쑤 사람들은 사업에 큰 소질은 없어 보인다. 대부분 가정적이고 멀
리 타향으로 진출하기보다는 고향에 머물면서 평범한 생활을 꿈꾼다. 물
론 오늘날에는 젊은 사람들이 외지에 나가 사업을 하는 경우도 많다. 그
들과 사업을 하려면 먼저 신뢰를 얻어야 한다. 그래야 좋은 관계를 계속
해서 유지할 수 있다.

신장웨이구얼 자치구
네이멍구 자치구
간쑤성
칭하이성
산시성(山西)
닝사후이족 자치구
산시성(陝西)
시짱 자치구(티베트)
쓰촨성
충칭
구이저우성
후난
윈난성
광시좡족 자치구
하이난성

시난 지방
西南

시짱
西藏

티베트 불교의 정신

티베트 남자로부터 사랑고백을 받았다면 당신은 대단한 행운을 잡은 것이다. 티베트 남자들은 네 명 중 한 명이 출가하는데 나머지 세 명 중 당신을 사랑하는 그가 귀족일 수도 있다. 그러므로 그의 사랑을 거절하지 말고 무조건 받아들여라! 티베트 남자들은 일단 마음에 들면 어떻게 해서든 자기 여자로 만든다.

티베트(Tibet, 시짱(西藏))에 오면 일단 친

근한 티베트 사람들과 접촉해야 그들의 생활을 이해할 수 있다. 티베트

주민의 집을 방문하면 티베트 사람들은 온 가족이 문 앞에 늘어서서 환

영 의식을 연다. 축배가를 부르며 작은 구리잔을 손에 들고 술을 가득 따

라 손님에게 권하는데, 이것은 손님의 복과 행운을 빌어주는 의미라고

한다. 손님은 이 술을 받아들고 먼저 무명지로 술을 한번 찍어 공중으로

연속 세 번 튕겨 하늘, 땅, 조상에 대한 예를 표하고 가볍게 한 모금을 마

신다. 그러면 주인이 기다렸다는 듯이 첨잔해주고 다시 한 모금 마시면

다시 따라주는데 이렇게 연달아 세 모금을 마시도록 한다. 술을 네 번째

따라주면 반드시 한번에 다 마셔야 한다. 술을 마시지 않는 사람은 앞에

했던 술을 튕겨주는 동작을 한 번 더 하면 되며, 술을 마시지 않아도 관계없다. 이런 절차가 끝나면 주인이 순백의 하다를 손님의 목에 걸어주고 집 안으로 안내한다. 티베트 사람들은 술을 먹은 양으로 계산하지 않고 술을 먹은 시간으로 계산한다. 보통 "몇 병 먹었다"라고 할 것을 티베트 사람들은 오전, 또는 하루 종일 먹었다는 식으로 말한다. 티베트 사람들은 쓰촨(四川) 지방에서 나는 백주나 칭다오 맥주를 즐겨 마신다.

티베트의 집은 기와 대신 나무판으로 지붕을 만들며 집안의 한 가운데 있는 기둥은 주인을 상징한다. 이 기둥이 클수록 주인이 능력 있고 재산

하다를 바치는 예절
하다는 장족의 일상생활에서 빈번히 사용된다. 하다를 다른 사람에게 바치는 것은 순결·진심·충성을 바친다는 의미다. 평소 자주 만나는 사람들 사이에서도 작은 하다를 보내며 축원을 하기도 한다.

이 많다는 의미다. 기둥을 중심으로 긴 나무 의자가 사방으로 둘러있어 마치 관광지의 난간을 연상하게 하는데, 일단 앉아보면 난간보다 훨씬 편하다. 집안의 한쪽에는 아궁이가 있다. 아궁이의 구조는 매우 독특하다. 높이가 다른 솥이 세 개 걸려 있는데 가장 높이 걸린 솥은 밥이나 국을 끓이는 데 사용하고 중간 높이의 솥은 물을 끓이는 데 사용한다. 가장 작은 솥은 가축을 먹일 물을 끓이는 데 사용한다고 하니 티베트 사람들이 가축을 얼마나 중시하는지를 알 수 있다.

개인이 아닌 집단, 현세가 아닌 내세

티베트 고원의 자연환경으로 티베트에서는 오랫동안 중세기의 장원제가 유지되었다. 혹독한 자연 조건 속에서 개인의 미약한 힘으로는 생존이 불가능했기에 사람들은 집단의 의지와 힘을 빌어야 했다.

티베트 불교는 이곳 사람들의 정신을 지배한다. 물론 한족(漢族)도 불교의 윤회사상을 믿기에 다음 세상에는 소나 말로 태어날 수 있다는 말을 한다. 그러면서도 눈에 보이는 현세에 집착한다. 그러나 티베트 사람들은 인간의 영혼이 몇 번이고 환생할 수 있다고 믿는다.

탕카(唐卡)
티베트 불교의 승려에게 티베트족 특유의 두루마리 그림인
탕카는 수행 시 없어서는 안 될 도구다. 탕카에 예배를 드
리면 공덕을 쌓을 수 있으며 탕카를 보고 있으면 불교의
교리를 자연스레 떠올릴 수 있다. 마찬가지로 신도 역시 화
가에게 탕카를 그려달라고 해서 집안에 모신다.

슬픈 노래가 없는 민족

이들은 밤이 되면 모여 앉아 춤과 노래 공연을 한다. 공연이 시작되기
전에는 보리의 일종인 칭커(青稞) 볶은 것, 수유차(酥油茶), 치즈, 보리
로 만든 미숫가루의 일종인 참파(champa) 등 먹을 것을 내온다. 이 음식
들은 티베트 사람들의 주식으로, 칭커의 맛은 훌륭하고 수유차는 소금을

넣어 마신다. 치즈는 맛이 시고 비려서 처음 먹는 사람들이 받아들이기 어려우나 현지인들은 고소한 맛을 즐긴다.

일곱 시나 여덟 시가 되면 은은한 티베트 현악기 선율과 함께 춤과 노래가 시작된다. 키가 크고 늘씬한 티베트 아가씨들이 유연한 허리를 움직이며 춤을 추는데 움직일 때마다 티베트 전통의상의 긴 소매가 풍부하고 부드러운 곡선을 연출해 젊은 여인의 독특한 매력을 발산한다. 티베트 남자들의 건장하고 발달된 근육은 춤을 출 때도 어김없이 드러난다. 이곳의 사람들은 거의 대부분 춤과 노래에 소질이 있으며 흥이 나면 자연스럽게 춤을 추고 노래를 부른다. 티베트 남자들은 성격이 소탈하고 잘생겼다. 그들이 말을 타고 달리면 그 뛰어난 기상과 준수한 모습에 여자들은 마음을 온통 빼앗긴다. 춤을 추다가 지쳐서 잠시 멈추면 김이 모락모락 나는 구운 양고기가 나온다. 칼로 대충 잘라 포크나 젓가락을 쓰지 않고 손으로 움켜쥔 채 후추 가루를 살짝 묻혀 먹는 그 맛은 그야말로 일품이다.

티베트 사람들은 나이와 장소를 불문하고 노래와 춤을 즐긴다. 이들은 경쾌한 기쁨을 노래하고 무리를 지어 밤새도록 군무를 추며, 실외 활동을 즐기고 광장에서 공연하는 연극에 열광한다. 전통 티베트 연극은 예외 없이 권선징악의 해피엔딩으로 끝을 맺는다. 심지어 수재 현장이나 재난을 당해서 다같이 모여 복구를 할 때도 즐거운 노래를 부르면서 한

티베트 전통극의 공연 장면
칭장고원 각 유파의 티베트 전통극 공연은 티베트족
의 사랑을 받을 뿐 아니라 멀리서 온 관광객들에게 볼
거리를 제공하고 전통극에 대한 시야를 넓혀준다.

다. 애초에 슬픈 노래가 없는 민족이기 때문이다. 그들이라고 슬퍼할 일
이나 괴로운 일이 왜 없겠는가? 다만 슬프다고 여기지 않고 괴롭다고 느
끼지 않을 뿐이다.

이목구비가 수려한 귀족

티베트 남자로부터 사랑고백을 받았다면 당신은 대단한 행운을 잡은
것이다. 티베트 남자들은 네 명 중 한 명이 출가하는데 나머지 세 명 중
당신을 사랑하는 그가 귀족일 수도 있다. 그러므로 그의 사랑을 거절하
지 말고 무조건 받아들여라! 티베트 남자들은 일단 마음에 들면 어떻게

말타기와 활쏘기 대회
티베트족 남자의 늠름한 자태를 드러내주는 말타기와
활쏘기는 티베트 각지에서 성행한다.

해서든 자기 여자로 만든다.

높은 해발 고도가 티베트 남자들의 모든 것을 높여놓았다. 이들은 체격이 우람하고 이목구비가 수려하다. 목장에 있는 어린아이의 얼굴에서 세상을 달관한 표정을 볼 수 있는가 하면 법당에 앉아 있는 노스님의 얼굴에서 순진함을 읽을 수도 있다. 남자들의 이목구비 하나하나에 남성적인 특징이 드러난다. 넓은 이마, 깊은 눈매, 높은 코, 자그마한 뺨, 그런데 이를 함께 조합해 보면 그지없이 부드러운 인상이 된다.

티베트 남자들의 자존심은 오만함으로 나타나기도 한다. 이를테면 여성에게 신사도를 발휘해서 문을 열어주고 계단을 내려갈 때 부축해주는 일은 바랄 수 없으며 다툴 때도 상대가 여자라고 체면을 세워주는 일이 없다. 그들의 오만함은 능동성 결여라는 모습으로도 나타난다. 물론 이 것은 티베트 남자들의 수줍음 때문일지도 모른다. 좋아하는 여자 앞에서 는 귀까지 온통 빨개져서 말 한마디 못하지만 묵묵히 그녀의 뒤를 지켜 주며 집까지 바래다준다. 그녀를 괴롭히는 불량배를 흠씬 두들겨 패주거 나, 엄숙한 얼굴로 연적을 찾아가 단독으로 대결하는 남자라도 그녀에게 낯간지러운 사랑 노래를 들려주는 일 따위는 결코 하지 않는다. 그렇지 만 티베트 남자와의 연애는 매우 멋진 일이다. 그들은 잘생기고 용맹스 러워 어디를 가도 눈길을 끈다. 그러나 단점도 있다. 너무 남자답기만 해 서 여자는 자질구레한 일을 도맡아서 해야 한다. 티베트 남자들은 부인 이 집안에 들어 앉아 가사를 돌보기 원한다. 함께 쇼핑을 가는 일은 사치 스러운 바람일 뿐이다. 또 여자를 때리지는 않지만 한번 화가 나면 큰 소 리로 여자를 울린다. 그러다가도 부인이 몸이 아프거나 안 좋은 일이라 도 당하면 모든 일을 제치고 달려와 보살펴준다. 그 듬직한 모습에 평소 의 불만은 눈 녹듯이 사라진다.

인생에 담담한 티베트 여인

티베트 여인은 서양 사람들이 동경하는 부드럽고 짙은 갈색 피부를 가

티베트족 혼례
사진 속의 신부가 들러리들의 부축을 받으며 결혼식을
진행하고 있다.

졌으며 중국 남자들이 경탄하는 건강하고 탄력 있는 몸매를 가졌다. 또
세상 모든 남자들이 선망하는 청록색의 맑은 눈을 가졌다.

티베트 여인은 인생의 불행과 기쁨을 담담하게 받아들인다. 웬만한 일
에는 울고불고 호들갑을 떨지 않으며 마음에 두지도 않는다. 그녀들의
경쾌한 웃음소리와 찬란한 미소, 풍부한 표정은 다른 지역 여인들에게서
는 좀처럼 볼 수 없는 것이다. 선량한 티베트 여인들은 약자를 동정한다.
설사 상대가 죄를 짓고 쫓기는 사람일지라도 혀를 끌끌 차면서 상처를
치료해주고 따뜻한 밥과 차를 내온다. 천성이 자유분방한 그녀들은 애정
에도 태연하게 대응하며 고민 같은 것은 결코 하지 않는다. 물론 사랑하
는 사람 앞에서는 부끄러워 얼굴을 붉히지만 그것이 마음속의 갈등 때문
은 아니다. 일단 사랑하는 사람이 생기면 대담하게 정면으로 나서서 감

정을 표현한다. 그러다 제대로 안 풀리면 조금 아쉬워할 뿐이다. 티베트 여성들은 술도 잘 마신다. 함께 마신 남자들이 인사불성으로 취해도 그녀들은 복숭아 같은 두 뺨을 붉힌 채 웃으면서 이야기를 나눈다. 티베트 여인들은 취한 모습도 사랑스럽다. 행동이 대담해지고 다정하게 웃음을 주고받는다. 술을 마시고 취해서 우는 법도 없다.

티베트의 엄마들은 결코 아이에게 매를 드는 법이 없다. 그렇다고 아이를 구속하거나 말로 교육을 하지도 않고 그냥 자유롭게 성장하도록 지켜본다. 개구쟁이 아이가 온 집안을 난장판으로 만들어도 어머니는 화를 내지 않고 목소리만 약간 높여서 한마디 할 뿐이다. 그녀들은 아이들의 성적에 신경을 쓰지 않는다. 아이들이 건강하고 활발하게 자라주면 그만이다.

티베트에서의 금기 사항

티베트의 전통 종교와 민속 문화는 다른 지역과 많이 다르다. 그래서 이들과 조화롭게 지내려면 티베트의 금기를 알아야 한다.

- 술을 권할 때 손님은 먼저 무명지로 술을 한번 찍어 공중으로 연속 세 번 튕겨준

후 가볍게 한 모금을 마신다. 주인이 첨잔하여 가득 따라주면 다시 한 모금 마시고, 다시 따라주면 마시는 식으로 연달아 세 모금을 마신다. 네 번째로 잔을 채워줄 때는 이를 반드시 한 번에 다 마셔야 한다.

– 식사할 때는 입에 음식을 잔뜩 넣고 먹어서는 안 되며 음식을 씹거나 국을 마실 때 소리를 내지 말아야 한다.

– 수유차를 마실 때 손님은 주인이 차를 따라 그의 앞에 두 손으로 잔을 들고 오면 그때 받아들고 마셔야 한다.

– 다른 사람의 등 뒤에서 침을 뱉거나 손뼉을 치면 안 된다.

– 길을 가다 사원이나 불탑, 마니차(法輪) 같은 종교 설비를 보면 반드시 왼쪽에서 오른쪽으로 돌아가야 한다.

– 종교용 도구나 향로 위를 넘어 다녀서는 안 된다.

– 경통(經桶)이나 경륜(經輪)을 돌 때 거꾸로 돌면 안 된다.

– 다른 사람의 머리를 손으로 만지면 안 된다.

위와 같은 일반적인 주의사항을 숙지한 후에는 좀 더 특별한 주의사항을 지켜야 한다.

티베트에서 몸에 붉은색 · 노란색 · 녹색의 천을 걸고 있는 소나 양이 교외를 한가롭게 거닐고 있는 모습을 보면 함부로 쫓아버리거나 다치게 해서는 안 되는데, 이 동물들은 티베트 사람들이 신에게 바치는 제물이기 때문이다. 독수리나 매는 절대로 사냥해서는 안 된다. 티베트 사람들은 이 새들을 신성한 대상으로 여겨 다치게 하는 것을 금기시한다.

허락 없이 사원에 들어가서도 안 되며, 그 안에서는 담배를 피워서도 안 된다. 경내의 물건을 보는 것은 무방하나 불상이나 경전을 만지거나 함부로 촬영해서는 안 된다. 특정한 장소에서 시계 반대 방향으로 걸어서는 안 되며, 여성 출입금지 지역도 있으니 주의해야 한다. 티베트 주민의 집에 들어갈 때는 문지방을 발로 밟아서는 안 되며 다른 사람 앞에서 침을 뱉어도 안 된다. 티베트 사람들이 혀를 내미는 것은 비웃는 것이 아니라 존경의 표시이며 두 손을 합장하는 것은 예절을 표현하는 행동이다. 위와 같은 금기 사항들을 잘 지킨다면 티베트 사람들과 별 문제 없이 사이좋게 지낼 수 있다.

충칭
重慶

전통 공업기지

충칭 사람들은 부지런하고 바쁘게 살아간다. 길을 갈 때도 앞사람의 뒤에 바짝 붙어서 마치 뛰듯이 걷는다. 전통 공업기지인 충칭에는 공장에서 일하는 사람들이 많아 대부분 부지런하다. 그러나 시장 관념은 부족한 편이다. 충칭 사람들에게서는 도시민이 가지는 우월한 심리를 찾아볼 수 없다.

충칭 사람들은 대범하고 솔직하며 구속받기를 싫어한다. 낙천적이고 명랑하면서도 체면을 심하게 따진다. 심지어 체면 때문에 원칙을 포기하는 경우도 많다. 택시 기본요금이 9위안인 충칭에서 10위안을 내고 거스름돈을 달라고 하는 승객은 거의 없다. 체면이 깎이기 때문이다. 물론, 거스름돈을 요구한다고 해서 기사가 얼굴을 붉히거나 비아냥거리는 법도 없으며 두말없이 1위안을 거슬러준다. 역시 손님의 체면을 배려한 행동이다.

충칭 사람들은 욕설을 잘한다. 친한 친구 앞에서는 아무렇지도 않게 거친 욕설을 내뱉는다. 청두(成都)를 비롯한 쓰촨 사람들이 대체로 욕을 잘하지만 충칭 사람들이 더 두드러진다. 심한 욕을 들었다고 기분 나빠할 필

충칭의 야경

요는 없다. 부모 앞에서도 똑같은 행동을 할 텐데 남 앞에서야 말할 나위도 없지 않겠는가! 충칭 사람들은 일단 말다툼을 시작하면 두세 마디만 주고받아도 주먹다짐이 벌어진다. 그들은 친구 때문에 싸우는 일이 많으며 여자들도 예외가 아니다. 그래서 충칭의 한 작가는 '야만적인 한족'으로 충칭 사람들을 묘사하기도 했다. 그에 비하면 청두 사람들은 말로만 싸우는 편인데, 쓰촨 사람에 대해 완전히 파악한 사람들은 친구를 사귈 때 충칭 사람을 선택하겠다고 말한다. 당신이 말투에 개의치 않는다면 그들과의 교류가 충분히 즐거울 것이다. 충칭 사람들의 열정은 지나쳐서 때로는 상대가 부담스러울 정도다. 청두 사람들이 밥을 사겠다고 말하는 것은 그저 하는 말에 불과하지만 충칭 사람들은 꺼낸 말은 반드시 지킨다. 그것도

충칭의 훠궈

충칭의 훠궈는 톡 쏘는 매운 맛이 위주이며 짠 맛, 신 맛이 다 있다. 한 냄비에 맑은 청탕(淸湯)과 매운 홍탕 (紅湯)이 나눠져 있는 원앙훠궈(鴛鴦火鍋)는 두 가지 국 물을 다 맛 볼 수 있고 육류와 채소 등 다양한 맛을 즐 길 수 있어서 독특한 풍미를 자랑한다.

주머니에 있는 돈을 한 푼도 남기지 않고 다 털어서 밥을 살 정도다.

충칭의 훠궈는 색과 향, 맛이 어우러져 혀가 마비될 정도로 매우면서도 포기할 수 없는 매력적인 음식이다. 외국인들도 연신 맵다고 혀를 내두르면서도 엄지손가락을 치켜들며 "Good!"을 연발한다. 청두의 유명한 쓰촨 요리를 개량한 사람도 바로 충칭 사람들이다.

인간 명물 짐꾼 '빵빵(棒棒)'

충칭 사람들은 부지런하고 바쁘게 살아간다. 출근할 때도 앞사람의 뒤에 바짝 붙어서 마치 뛰듯이 걷는다. 전통 공업기지인 충칭에는 공장에서 일하는 사람들이 많아 대부분 부지런하다. 그러나 시장 관념은 부족한 편이다. 충칭 사람들에게서는 도시민이 가지는 우월한 심리를 찾아볼 수 없다.

산간 도시인 충칭에는 이곳저곳을 누비며 짐을 나르는 인간 명물 짐꾼들이 있다. '빵빵(棒棒)' 이라고 부르는 짐꾼들은 빠른 경제 성장을 이루고 있는데다 지리적 여건상 중국의 대표적 운반 수단인 인력거와 오토바이를 찾아보기 힘든 도시에서 값싸고 유용한 인간 운반 수단이다. 충칭시의 모든 부두나 정거장 근처에서 볼 수 있는 '빵빵'은 멜대 하나와 밧줄 두 개만으로 어떤 물건이든 문제없이 나른다. 강도 높은 노동을 하고 지극히 간단한 음식으로 끼니를 때우고는 숙소에 돌아와 지친 몸을 누이고, 다음 날 아침이 되면 다시 정신이 바짝 나서 어김없이 부두와 정거장에 모습을 보인다. 상상을 초월한 그들의 강인함과 생활력을 보고 있노라면 감동과 함께 문화적 충격마저 느낄 정도다.

가위바위보가 취미인 충칭 남자

술 마시기와 가위바위보는 충칭 남자들의 취미다. 이들은 여름이면 얼음에 재워둔 맥주 한두 잔은 마셔줘야 가슴이 뚫린다고 말한다. 가끔 백주도 마시는데 이때도 도수가 낮은 술은 물 같다며 독한 술만 마신다. 술자리에서는 두 사람만 모여도 숫자놀이나 가위바위보를 해서 지는 사람이 벌주를 마신다. 입이 거친 것도 충칭 남자들의 특징이다. 좋아하는 여자에게도 마치 명령하듯 말하는 것이 예사다. 추운 날 여자가 옷을 얇게 입고 나오면 남자들은 대부분 "감기 걸리면 어쩌려고 이렇게 춥게 입었어?" 하고 말하지만 충칭 남자들은 여자를 힐끗 노려보며 대뜸 핀잔을 준다. "야! 멋 부리다 얼어 죽겠다." 그리고 입고 있던 웃옷을 벗어서 여자의 몸에 걸쳐준다. 이런 행동은 부드러운 말 몇 마디보다 훨씬 여자를 감동시킨다. 길을 가다보면 짐을 잔뜩 들고 가는 남자 옆에서 빈손으로 걷는 여자를 볼 수 있다. 게다가 남자가 "그 가는 팔로 무거운 걸 들다니, 팔이 부러지려고 환장을 했나!" 대충 이렇게 말한다면, 그는 틀림없는 충칭 남자다.

충칭 남자는 직설적이어서 "하려면 하고, 말려면 마라"는 식이다. 여자를 사랑하면 결혼하면 되고 헤어지면 언제 만났냐는 듯 남이 된다. 여느 남자들처럼 사랑한다는 말을 달고 살지도 않으며 "우리 함께 살까?"

라는 말로 꼬드길 줄도 모른다. 사실 여자들은 부드럽게 다가오는 남자들을 경계한다. 충칭 남자들은 여자들이 좋아하는 남자다운 기질을 갖추었으며, 겉으로는 뻣뻣하나 속으로는 한없이 부드러운 진짜 남자다.

길들여지지 않은 매력을 가진 미녀들

많은 사람들이 충칭 하면 훠궈와 미녀를 떠올린다. 충칭 여인들의 아름다움은 단연 전국 최고로 꼽힌다. 햇빛을 잘 보지 못해 대부분 피부가 희고 부드러운 데다 약간 제멋대로인 성격에 섹시한 개성이 보태져 무척이나 매력적이다. 이들의 길들여지지 않은 개성과 아름다움은 남성들의 이성을 마비시킬 정도다. 보통은 여자들이 여러 명 있어야 남자들에게 압박감을 주는 데 반해 충칭 여자는 단 한 명으로도 충분히 남자를 정신 못 차리게 한다. 충칭의 거리에서는 2분마다 다섯 명의 미녀가 스쳐간다는 말이 있을 정도다.

매운 음식을 많이 먹어서 그런지 충칭 여인들의 아름다움은 남자들의 눈을 돌릴 수 없게 하는 매력을 지녔다. 충칭 여인들의 아름다움에는 음식뿐 아니라 인문 환경과 지리적 요소도 한몫했다. 1930년대에 항일전쟁을 치르면서 충칭에는 많은 인재들이 몰려 인구 구조에 변화가 생겼고, 더불어 충칭 여성들의 인문적 자질이 한층 높아졌다. 또한 지리적으로 안개가 자주 끼고 습기 많은 충칭의 공기가 피부에 보습 효과를 주어 젊은 피부를 유지할 수 있게 했다고 한다. 그래서 곧 대학에 갈 자녀를 둔 어머니가 아가씨로 오해받는 일도 흔하다. 강변의 가파른 언덕도 여인들의 날씬한 몸매를 단련시키는 데 일조했다.

충칭 여인들은 남의 눈을 의식하여 손해를 보더라도 다른 사람에게 피해를 주지 않는다. 그리고 부모에게 효도하고 자식을 사랑한다. 충칭 여인을 사랑하면 그녀의 부모나 가족에게도 잘해야 한다. 그녀들은 부모에게 불효하는 사람과는 사귀지 않는다. 가정적이어서 남편이 안심하고 바깥일을 보도록 내조한다. 또한 "남자가 권력과 돈은 없어도 되지만 남자

해방비(解放碑) 앞을 오가는 사람들

다움이 없어서는 안 된다"라고 주장한다.

충칭 여인들은 자신감에 차 있으며 세상에서 자기가 가장 좋은 여자라고 믿는다. 남편이 외도를 한 사실을 알아도 전혀 놀라지 않고 남자의 어깨를 툭툭 치며 이렇게 말한다. "그 여자 한번 데리고 와요. 나보다 괜찮으면 맛있는 음식을 대접하겠지만 나보다 못났으면 뺑 차서 내쫓아버릴 거예요!" 이렇게 자신감에 차 있기 때문에 너그러울 수 있으며 베이징 여자들처럼 봄철만 되면 찾아오는 황사로 피부의 건조함을 걱정할 필요도 없다. 충칭에는 천연 보습 기능을 갖춘 온천수가 지천으로 널려 있어 장강에서 피어오르는 수증기가 촉촉한 공기를 만들어준다. 또한 상하이 여인들처럼 몸매 걱정을 하느라 다이어트를 할 필요도 없으며 신분 상승을 위해 학문을 닦느라 고생할 필요도 없다. 충칭 여인들은 활달하고 따뜻하며 생활의 즐거움을 명예보다 중요하게 생각한다. 또한 솔직하고 대범하기로도 유명하다.

충칭 사람과 관계 맺기

주량에 자신이 없는 남성이라면 충칭 여인과 술을 마시지 말아야 한다. 남자보다 술을 잘 마시는 여자를 보면 기분이 썩 유쾌하지 않을 테니 말이다. 충칭 여인들은 남편의 체면을 중요하게 생각한다. 아내 앞에서 남편을 무시했다가는 봉변당하기 십상이다. 충칭 여성과 데이트할 때는 말을 많이 하지 말아야 한다. 그녀의 기관총처럼 쏘아대는 말솜씨를 이길 재간이 있다면 모를까 잘못했다가는 그녀의 마음을 상하게 하고, 토라져 가버린 그녀를 다시는 만나지 못할지도 모른다. 미모가 출중한 충칭 여성들은 칭찬에 익숙하지만 근거 없는 칭찬은 그녀들을 자칫 불쾌하게 만들 수 있으므로 주의해야 한다. 또 그녀는 끊임없이 당신의 마음을 확인하려 하므로 처음 만나자마자 얼마나 보고 싶었는지 모른다는 둥 눈치 없는 찬사를 늘어놓았다가는 멋없는 남자로 낙인찍히기 십상이다.

효율과 이익을 따지는 시장경제에서 강직하고 솔직한 충칭 사람들은 사업에 부적격하다. 지나친 강직함은 유치함과도 통하므로 조금은 계산적일 필요가 있다. 비즈니스를 할 때는 충칭 사람들의 이런 특징을 적당히 역이용할 수도 있다.

윈난
雲南

땅이 넓어 사람이 귀한 곳

윈난 사람들은 오래전부터 윈난 고원지대의 가혹한 환경 속에서 살아오면서 부지런하며 순박하고 검약한 품성을 길렀으며 조용한 생활을 했다. 윈난 사람들의 성품은 그들이 본래부터 가지고 있던 가치관과 많은 연관이 있다. 이들은 근검절약을 미덕으로 높이 평가하여 의식주에 욕심을 부리지 않았다. 그들은 단정한 행동과 직분에 충실하고 청렴결백한 정신을 자손 대대로 이어왔다.

원난 사람들은 오래전부터 윈난 고원지대의 가혹한 환경 속에서 살아오면서 부지런하며 순박하고 검약한 품성을 길렀으며 조용한 생활을 했다. 윈난 사람들의 이러한 성품은 그들이 본래부터 가지고 있던 가치관과 많은 연관이 있다. 이들은 근검절약을 미덕으로 높이 평가하여 의식주에 욕심을 부리지 않았다. 단정한 행동과 직분에 충실하고 청렴결백한 정신을 자손 대대로 이어왔다.

윈난에서는 남을 속이거나 교활한 언행을 하는 자는 입에 올릴 가치도 없는 사람으로 쳤으며, 일하지 않고 이곳저곳 돌아다니는 사람은 남의 비웃음거리가 되었다. 과거 윈난 농촌에서는 밭에 일하러 갈 때나 시내에 물건을 사러 갈 때 집을 비워두면서도 문을 잠그지 않고 가는 일이 다

물가의 어촌
작은 배와 파란색 물, 푸른 나무, 인가가 있는 조용하
면서도 빼어난 경치를 보여준다.

반사였다. 윈난 산간 지역에서는 길에서 주운 물건을 함부로 갖지 않고
밤에도 문을 잠그지 않는다. 이는 전설이 아니라 현실이다. 지금도 윈난
산간 지역에서는 장에서 모든 물건이 정찰제로 판매되며 값을 깎고 흥정
하는 일은 좀처럼 볼 수 없다. 윈난 사람들은 외부 사람이 쉽게 이해할
수 없을 정도로 양심을 걸고 정직하게 장사한다.

외지인에게 관광지를 넘겨준 사람들

윈난 사람 중에는 유유자적한 생활에 집착하여 고향을 떠나지 않는 사
람도 많다. 그래서 외지 사람들이 넘치는 도회지에서 유독 윈난 사람들

의 그림자를 찾아볼 수 없다. 살고 있는 곳이 풍요로워서가 아니라 도회지의 번화함이 싫은 것이다. 바깥세상이 아무리 시끄럽게 돌아가도 윈난 사람들의 한가로움과 조용함은 빼앗아 갈 수 없다. 오늘날에는 관광지로 이름을 떨치고 있으며 관광 경제다 뭐다 해서 요란하게 떠들지만 그 중심에 서 있는 것은 윈난 사람이 아니라 언제나 타지 사람들이다. 심지어 리강(漓江)에서 술집을 경영하고 기념품을 파는 사람들마저 대부분 윈난 현지 사람이 아니다. 그렇다면 윈난 사람들은 무엇을 하고 있을까? 그들은 햇볕을 쬐면서 노래를 부르고 춤을 추거나 길가에 오가는 각지의 미녀들을 감상하면서 돈을 벌 기회를 외지인들에게 넘겨버린다. 그렇지만 윈난 사람들의 이런 생활을 나무라는 사람들은 없다. 마치 윈난 사람들은 원래 그렇게 지내야 하는 것처럼 여기기 때문이다.

하기 싫으면 움직이지 않는 완고함

윈난 사람들은 누군가 자신을 함부로 부리는 것을 참지 못한다. 아무리 큰돈을 주어도 하기 싫으면 절대 움직이지 않는다. 특히 도리에 어긋나는 일은 천금을 주어도 하지 않는다. 억지로 시키려 하다가는 욕을 퍼붓거나 싸우려고 덤벼들기 십상이다. 이런 완고함은 거의 모든 윈난 사람에게 공통적으로 있는 기질이다. 곤명(昆明) 출신으로 명(明)나라 성화 (成化) 연간 향시에 합격한 여유(呂瑜)라는 사람이 있었다. 그는 후난과 광둥 지방에 부임하여 많은 업적을 남겼다. 훗날 모친의 병환이 중해서 휴가를 내고 고향에 다녀오겠다고 하였는데 이부(吏部)의 말단 관리가 싫은 소리를 했다. 화가 난 여유는 "옛 사람은 다섯 되의 쌀 때문에 허리를 굽히지 않았다는데 내가 왜 말단 관리에게 고개를 숙여야 하는가?"라며 화를 내고 가버렸다. 그 후 고향에서 30년 동안 농사만 지으면서 관청에는 얼씬도 하지 않았다고 한다. 역대 윈난 출신 중에는 조정에 직언을 하는 관리도 많았다. 조정에서도 이를 인정해 천자의 잘못을 바로잡도록 간 (諫)하는 벼슬인 간관(諫官)에 윈난 출신을 많이 기용했다. 사서에 기록된 정직한 충신들 명단에도 윈난 사람이 많으며 명·청 시대를 통틀어 1백여 명의 간관이 윈난에서 배출되었다.

손님과 나누는 진실한 우정

윈난 사람들은 손님을 깍듯한 예의로 대하며 친구와 진실한 우정을 나눈다. 윈난 농촌에는 이런 노동요가 있다. "큰 산과 물이 이어졌으니 아저씨 아주머니 이리와 앉으세요. 길을 가느라 피곤할테니 물을 마시고 음식도 먹으면서 쉬었다 가세요." 노래에도 표현되어 있듯이, 윈난 산간 지역 사람들은 외부에서 온 손님들에게 무척 친절하다. 특히 소수민족들은 식사 시간에 그 앞을 지나는 사람이라면 아는 이와 모르는 이를 가리지 않고 집 안으로 청해 정성껏 음식을 차려 대접한다. 술은 큰 대접에 따라 마시고 손님이 술에 취하면 주인은 몹시 기뻐한다. 이는 외진 윈난 산간 지역에 아직까지 남아 있는 풍습이다. 손님이 오면 가장 좋은 음식을 내놓고 집안에서 가장 좋은 잠자리에 손님을 재우며, 집안에서 가장 값나가는 물건을 선물로 준다.

소수민족의 영향을 받아서인지 윈난에 거주하는 한족도 손님을 극진히 대한다. 이는 그들의 조상이 내륙에서 윈난까지 먼 길을 오느라 추위와 배고픔에 떨다가 도중에 만난 사람들의 따뜻한 인정에 감동하여 자신들도 이와 같이 했으며, 이것이 후대에 전해진 결과라고 보는 견해가 많다. 윈난 사람들은 "식사는 하셨나요?"라고 인사한다. 다른 지역 사람들이 이렇게 묻는 것은 인사에 불과하지만 윈난 사람들은 단순한 인사치레가 아니다. 아직 밥을 먹지 않았다면 자기가 밥을 차려주겠다는 생각으로 묻는 것이다.

가장 선호하는 음료는 술

원난 사람들이 온순하고 선량하다는 것은 원난에 온 다른 지역 사람들이 공통적으로 갖는 느낌이다. 원난은 본래 사람이 귀하고 땅이 넓어 사람과 사람 간의 진정한 정을 갈구하게 되었다. 그래서 원난의 각 민족은 하나같이 손님을 극진히 대접하는 풍습을 형성했다. 즉, 외부인에 대한 배타심이 없다는 말이다.

시내를 관통하는 마방
천 년 전부터 원난의 마방은 차마고도를 오가며 살아왔다. 오랫동안 말을 몰고 외지로 떠도는 생활과 경험을 바탕으로 그들 나름대로의 규칙을 형성했다.

윈난 사람들과 교류하려면 술을 마실 줄 알아야 한다. 윈난 사람들이 가장 선호하는 '음료'를 꼽으라면 단연 술이다. 윈난 사람들은 안주는 없어도 술은 있어야 한다고 여기며 술에 안주까지 갖춰지면 더없이 좋아 한다. 생활이 풍족하지 않을 때 농촌에서 담근 쌀술, 고량주, 옥수수술을 마시며 안주가 없으면 볶은 누에콩, 볶은 옥수수, 그마저 없으면 그냥 짠 지나 마른 고추 몇 개를 불에 구워 안주 삼아 먹기도 했다. 남녀노소를 막론하고 손님이 오면 반드시 술을 대접하고 술을 함께 마셔야 진정한 친구로 삼았다.

윈난 사람과 관계 맺기

성실한 윈난 사람들과는 비즈니스도 쉬운 편이다. 밀고 당기는 흥정을 하지 않아도 되니 거래가 부담이 없으며 마치 그들 집에 손님으로 초대 되어 간 것처럼 유쾌하다.

윈난 사람들은 성실한 거래로 정당한 돈만 벌기 때문에 잔머리를 굴리 지 않고 솔직하다. 그들은 생각하는 바를 그대로 말하며, 정찰제를 실시 하므로 고객의 마음도 편안하다. 윈난의 리리족(傈僳族) 상인은 '동심주 (同心酒)'를 마시는 풍습이 있다. 성별과 연령을 따지지 않고 두 사람이

쿤밍(昆明) 남쪽 교외의 꽃시장
운남 최초, 최대 규모의 꽃시장으로 직접 재배하여 판다. 화훼농가는 각 도시에 사람을 보내 시장 상황을 살피고 정보를 교환하며 주문을 받는다. 어떤 사람은 동남아 일대까지 사업의 범위를 확장하기도 한다.

함께 마시면 서로 친해지고 의지할 수 있다고 믿는 것이다. 이족(彝族)은 술을 잔 하나에 가득 따라 한 사람씩 번갈아 마시는 잔 돌리기를 하는데 서로의 정을 주고받는다는 의미가 있다. 하니족(哈尼族, 합니족)은 적게는 10여 개에서 많게는 100여 개가 넘는 탁자를 몇 십 미터가 되게 이어놓고 수십 명, 또는 수백 명의 사람이 술을 마시며 노래하고 술을 반주 삼아 춤을 춘다. 서로 권커니 잣거니 하다 보면 지난 피로와 맺힌 원망도 술과 함께 날아가고 우정이 싹튼다. 시솽반나(西雙版納)의 커무(克木)인은 통 안에 든 술에 각자가 볏짚으로 된 빨대를 꽂아 함께 마시면서 즐거움을 함께 한다.

먹고 싶을 때 먹고 자고 싶으면 자며 놀고 싶으면 노는 윈난 사람들은 구속받기를 싫어하며 성격도 산만한 편이다. 그들은 남이 시켜서 하는 일

나시(納西, 납서)족 마사(摩梭)인의 주혼(走婚)
나시족 마사인의 결혼 풍습은 특이하다. 성년의 대부분
이 각자 어머니의 집에서 살며 남자와 여자가 결혼하지
않는다. 남자가 여자의 집에서 밤을 지내고 다음날 아침
다시 어머니 집으로 돌아가며, 서로 친밀한 친구나 동반
자의 관계를 맺는다.

을 싫어한다. 윈난 사람들과 비즈니스를 할 때는 예의로서 대하고 그들의
풍속을 존중해주며 그들이 원치 않는 일을 강요하지 말아야 한다. 또한
그들의 산만한 성격을 지적해서도 안 된다. 진실한 협력을 하고 서로 윈
윈을 추구해야 한다. 어려운 프로젝트일수록 윈난 사람과 협력하면 성공
할 확률이 높다. 그들 자신이 고생을 감수하고 열심히 하는 것도 있지만
기꺼이 수고해줄 윈난 사람들을 일꾼으로 모집할 수 있기 때문이다.

구이저우

貴州

고집으로 뭉친 묘족

술을 즐기는 구이저우 남자들은 백주(白酒 : 배갈)의 맑음과 호탕함을 닮았다. 구이저우에서는 난징(南京)이나 상하이에서처럼 허리에 손을 올리고 펄쩍펄쩍 뛰면서 말다툼하는 남자를 볼 수 없다. 이들은 성질이 급해서 말보다는 주먹이 먼저 나가며, 심지어 칼을 휘두르는 살벌한 장면을 연출하기도 한다. 그러다가도 백주 한 사발만 들이키면 언제 그랬냐는 듯 화가 가라앉는다. 방금 전까지만 해도 눈을 부라리며 대결하던 두 남자가 순식간에 화기애애한 얼굴로 영웅을 논하기도 한다.

묘족은 가무에 능한 민족으로 남녀의 애정을 노래하는 곡과 권주가(勸酒歌)가 유명하다. 축제날 성장한 묘족 소녀들은 저마다 옅은 미소를 띤 얼굴로 손에 손을 잡고 춤을 추기 시작한다. 그러면 그녀들의 몸에 달린 장식들이 챙챙챙 경쾌한 소리를 내며 햇빛에 반짝인다. 춤을 추는 소녀들이 청년들에게 미소를 보내면 청년들은 묘족의 관악기를 힘껏 불어 미소에 화답한다.

구이저우 남자는 고추 마니아

구이저우 남자들은 투박하고 모가 나 있는 것이 마치 조물주가 마무리 작업을 잊은 채 세상에 내놓은 작품 같다. 그들은 일단 술이 들어가면 세상 두려울 것이 없다는 듯 호랑이라도 때려잡을 기세다. 고개를 젖히고 꿀꺽꿀꺽 시원스럽게 마시는 모습은 누구도 대적할 수가 없다. 술을 즐기는 구이저우 남자들은 백주의 맑음과 호탕함을 닮았다. 구이저우에서

밧줄로 배를 끄는 우장(烏江, 오강)의 인부들
우장은 구이저우 오몽산(烏蒙山 : 우멍산) 동쪽에 있는 강으로 협곡이 이어지고 물살이 세서 인부들이 밧줄로 끌어야 배가 움직인다. 이 인부들은 한때 우장을 오가는 유일한 동력이었다.

는 난징이나 상하이에서처럼 허리에 손을 올리고 펄쩍펄쩍 뛰면서 말다 툼하는 남자를 볼 수 없다. 이들은 성질이 급해서 말보다는 주먹이 먼저 나가며, 심지어 칼을 휘두르는 살벌한 장면을 연출하기도 한다. 그러다 가도 백주 한 사발만 들이키면 언제 그랬냐는 듯 화가 가라앉는다. 방금 전까지만 해도 눈을 부라리며 대결하던 두 남자가 순식간에 화기애애한 얼굴로 영웅을 논하기도 한다.

구이저우 남자들의 고추 사랑은 유별나다. 차를 마실 때도 고추를 들 고 있을 정도로 고추는 구이저우 사람들의 상징이요, 에너지원이다. 고 추를 먹어야 노래 가락을 더 높고 우렁차게 뽑아내며, 고추를 먹어야 맨 발로도 먼 산길을 능히 오갈 수 있다. 그들에게는 북방 남자들의 건장함 이나 강남 인재들의 준수함은 찾아 볼 수 없으나 산을 닮아 소박하며 호 탕함 속에 강인한 건강미가 넘친다.

구이저우 남자들의 고집은 전국 최고일 것이다. 그들은 어디에 가든 고향 말을 버리지 않는다. 상대가 알아듣건 말건 개의치 않는다. 그들은 북방 남자들이 고추를 먹지 않고 작은 잔에 술을 먹는 것을 비웃는다. 쓰 촨에 출장을 갔다 온 구이저우 남자가 쓰촨이 어떻더냐고 묻는 말에 다 좋았는데 먹을 만한 고추가 없더라고 했다는 일화는 구이저우 남자들의 고집스러움을 말해준다.

또 이런 이야기가 있다. 어떤 남자가 물에 빠져서 살려달라고 비명을 질렀다. 세 명의 구이저우 남자가 몰려와 그를 구해주었는데 이들은 물에 빠진 남자가 고맙다고 말하기도 전에 마구 주먹질부터 해댔다. 그 이유가 무엇일까? 그들은 살려달라고 비명을 지르는 게 사나이가 할 짓이 아니라고 여긴 것이다. 그러니 맞아도 싸다는 것이 그들의 지론이었다. 구이저우에서는 두 남자가 싸움이 붙었을 때 용서를 비는 쪽이 비웃음의 대상이 된다. 한쪽이 잘못했다는 데도 여전히 때리는 사람도 비난을 받는다. 구이저우는 산길이 구불구불하고 험하다. 이런 길에서 차를 몰 때도 구이저우의 젊은 기사들은 평지에서처럼 질주한다. 발아래가 천길 낭떠러지여도 좀처럼 속도를 줄이지 않는다. 겁이 많아 보이면 체면이 깎이기 때문이다.

구이저우 사람들의 남성 우월주의는 유명해서, 좋아하는 여자가 생기면 상대의 생각은 묻지도 않고 그 집으로 가서 다짜고짜 데리고 와버린다. 이쯤 되면 고집스럽다 못해 놀라울 정도다. 지금은 세상이 많이 달라져 구이저우 남자들도 많이 부드러워졌다지만 그들의 핏속에 흐르는 기질은 여전하다. 이런 기질을 살려 사업에 크게 성공하는 사람들도 많다고 한다.

명절을 맞아 꾸민 묘족 아가씨들
솜씨 좋은 묘족 아가씨들이 옷에 은조각과 방울 등 장
식품을 달아 입고 있는 모습. 은빛이 반짝여서 눈이 부
시다.

혼수품을 만들어 가는 어린 그녀들

독특한 지리적 환경에서 생활하는 구이저우 여자들은 대부분이 소수
민족 출신이다. 활발하고 불같은 열정을 지닌 구이저우 여성들은 박력
있는 말투가 인상적이다. 그중에서도 묘족(苗族) 여인들은 솜씨 좋기로
유명해서 어릴 때부터 옷감 짜기와 자수·수공예품 만들기를 배운다. 여
자 아이가 열서너 살만 되면 혼수품을 직접 만들기 시작하여 완성하는
데 보통 2년에서 3년 정도 걸리며, 아이 옷까지 만들어 갈 정도라고 한

다. 묘족 여인들은 치장을 좋아해서 축제 때 성장한 묘족 여인들이 모여 있으면 아름다운 은색의 세계가 펼쳐진다. 장신구를 좋아하는 것도 묘족 여인들의 천성이다. 잔뜩 틀어 올린 머리 위에 20cm 정도 되는 은 화관을 쓰고 앞부분에 길이가 다른 여섯 개의 은 장신구들을 꽂는데 그 위에는 대부분 용 두 마리가 구슬을 가지고 노는 모양이 새겨져 있다. 지역에 따라서는 1m에 달하는 은으로 된 소뿔 모양을 달아 고귀함과 부유함을 나타내기도 한다. 몸에 두르는 장식도 모두 은으로 된 것이다. 은장식은 공예 기술이 섬세하고 화려하여 묘족의 지혜와 재주를 보여준다.

구이저우 사람과 관계 맺기

구이저우에서는 집집마다 술을 담가 저장해두었다가 명절이나 손님이 왔을 때 극진하게 대접한다. 술은 구이저우 사람들과의 관계에서 없어서는 안 되는 매개물이자 다리 역할을 한다. 유달리 술을 즐기는 민간 예술인들에게 술을 대접하면 그들은 더욱 기뻐하며 적극적으로 춤을 춘다. 그래서 구이저우 사람들과 교류하려면 술을 마실 줄 알아야 한다.

인정미 넘치는 구이저우 사람들은 기꺼이 남을 돕는 착한 성품을 지녔다. 그래서 진심으로만 대하면 그들과 즐거운 관계를 유지할 수 있다. 구

구이저우 안순(安順) 지역의 석판방(石板房)
구이저우 서남쪽 산간지역의 주거형식. 현지에서 나는 얇은 돌판을 지붕에 깔아 놓아 지방의 특색이 물씬 풍긴다.

이저우 사람들 중에는 공무원이나 교사, 회사원 등 직장이 있으면서도 자기 점포를 가지고 장사를 하는 사람이 많다. 일손이 부족하면 사람을 고용하기도 하는데 월급만으로는 부족한 생활비를 충당하려는 목적이 대부분이다. 구이저우 사람들과 사업할 때는 일정한 이윤을 보장해주어야 한다. 그들은 돈이 적은 것은 상관하지 않지만 보람을 느껴야 적극적으로 일한다. 구이저우 사람들은 사업에서 돈을 벌면 작은 성과에 만족하고 더 이상 노력하지 않는 경향이 있다. 조상 대대로 땅을 일구면서 농업을 유일한 생계 수단으로 삼고 안온한 삶을 이어온 결과다. 그러므로 구이저우의 풍부한 물자를 이용하여 현실에 안주하려는 생각을 버리고 과감하게 시장을 개척하는 정신이 필요하다. 그밖에 구이저우 상인과 거래할 때는 위험을 떠안게 하지 말아야 한다. 자칫하면 다 접어버리겠다고 할 수도 있다.

쓰촨
四川

훠궈(火鍋)와 매운 맛 사랑

쓰촨 사람들은 한담을 즐긴다. 일을 할 때도 한가롭게 말을 나누면서 진행한다. 하루 일과 중 자는 시간을 빼면 항상 말을 하고 있다고 해도 과언이 아니다. 외지 사람들이 쓰촨에 와서 일을 할 때 가장 못 견뎌 하는 것도 이 부분이다. 자신이 말을 하지 않아도 다른 사람의 말을 듣는 데 많은 시간과 인내심을 할애해야 하기 때문이다. 그래서 쓰촨 사람과 친해지려면 말솜씨를 발휘해야 한다. 그것이 어렵다면 그들의 말을 들어주는 인내심이라도 기르자.

쓰촨에 온 북방 사람들은 손바닥만한 땅 하나도 놀려두는 법이 없이 야무지게 사용하는 쓰촨 사람들의 부지런함과 강인한 성격에 놀란다. 개혁개방 후에는 쓰촨의 노동력이 외부로 빠져나가 중심 도시나 연해 지역의 발전에 지대한 공을 세우기도 했다. 인구가 많고 발전에 한계가 있다 보니 쓰촨 사람들은 고향을 떠나 일을 하고, 반대로 외지 사람들은 쓰촨으로 이주해 살면서 서로 영향을 주고받았다. 그 결과, 쓰촨 사람들은 진취성과 보수성, 부지런함과 한가로움, 유머 속의 슬픔, 순박함 속의 기민함 같은 다양하면서도 모순된 성격을 보여준다.

쓰촨 분지는 물자가 풍부하고 산천이 수려하여 살기 좋은 땅이다. 그래서 외지에서 생활하는 쓰촨 출신은 고향이 쓰촨임을 자랑스럽게 밝힌다. 비록 분지로 막혀 있지만 쓰촨 사람들은 폐쇄적이지 않고 적극적이어서 외부 세계와 교류를 하거나 외부로 진출해 성공을 거두기도 한다. 그러나 이들의 잠재의식 속에는 고향에 대한 향수가 짙게 드리워 있다. 쓰촨 출신의 유명 화가 장다첸(張大千)은 몇 십 년이 지나도록 고향 말투를 버리지 않았는데, 어느 날 한 사업가가 그에게 고향의 흙 한 줌을 봉지에 담아다 주자 감격하여 자신의 작품 한 점으로 답례했다고 한다. 쓰촨 사람과 친구가 되는데는 고향에 대한 향수를 알아주는 것도 중요한 요소다.

쓰촨 사람들은 한담을 즐긴다. 일을 할 때도 한가롭게 말을 나누면서 진행한다. 하루 일과 중 자는 시간을 빼면 항상 말을 하고 있다고 해도 과언이 아니다. 외지 사람들이 쓰촨에 와서 일을 할 때 가장 못 견뎌 하는 것도 이 부분이다. 자신이 말을 하지 않아도 다른 사람의 말을 듣는

청두(成都)의 찻집(茶館)
쓰촨 사람들이 가장 즐겁게 생각하는 일은 찻집에서 한담을 즐기는 것이다. 한담의 내용은 딱히 정해져 있지 않고, 생각나는 대로 말하는 편이다. 즐거운 분위기 속에서 실컷 이야기를 나누다가 차를 다 마시고 이야깃거리가 떨어지면 각자 집으로 돌아간다.

데 많은 시간과 인내심을 할애해야 하기 때문이다. 그래서 쓰촨 사람과 친해지려면 말솜씨를 발휘해야 한다. 그것이 어렵다면 그들의 말을 들어주는 인내심이라도 기르자.

1,700년의 역사를 지닌 훠궈

끓는 물에 양고기나 각종 채소를 집어넣어 익혀 먹는 중국식 샤브샤브 훠궈(火鍋)는 원래 충칭(重慶)에서 시작되어 역사가 1700년 이상 된 쓰촨의 대표 요리다. 커다란 원형의 냄비 안에 고기·채소·해물 등 원하는 재료를 잔뜩 넣어 익혀 먹는 훠궈는 짧은 시간에 열을 가해 조리함으로써 원재료의 맛과 질감을 그대로 느낄 수 있어 미식가들의 입맛을 한층

청두의 훠궈
청두 훠궈의 국물은 닭고기·생선·소의 사골이 주요 재료이며 향료로 맛을 내어 매우면서도 고소하다. 진정한 쓰촨 풍미의 훠궈는 참깨로 만든 소스를 쓰지 않고 참기름에 마늘을 다져 넣은 소스를 쓴다.

사로잡는다. 쓰촨의 성도 청두(成都) 사람들은 원래의 휘궈에 각종 소스를 추가하거나 풍부한 재료를 사용해 지금의 다양한 형태와 맛으로 발전시켰다. 태극무늬의 냄비에 담아 두 가지 국물 맛을 함께 즐기는 원앙휘궈(鴛鴦火鍋)는 특히 외국인들의 환영을 받는다. 청두 사람들은 휘궈를 전국적으로 보급시킨 일등공신인 셈이다.

쓰촨 사람들은 먹는 것을 즐기며 쓰촨 요리가 유명하다는 점에도 자부심을 느낀다. 그중 휘궈 사랑은 각별해서 가히 음식의 '도(道)'라고 표현할 정도다. 한쪽은 희고 다른 한쪽은 붉은 원앙휘궈에는 끓어 넘치는 '강산'이 있고 솟구치는 열정과 정취가 있다. 쓰촨에서는 추운 겨울날 가족이나 친구들이 뜨끈뜨끈한 냄비를 에워싸고 둘러앉아 휘궈를 먹는 광경을 흔히 볼 수 있다. 이들은 냄비 하나를 놓고도 세상 돌아가는 이야기에서부터 가정사까지, 주식에 관한 이야기에서 축구 이야기까지 무궁무진한 화제로 이야기꽃을 피운다. 풍성하면서도 조리가 간단하며 쉽게 배불리 먹을 수 있는 휘궈 하나에도 쓰촨 사람들의 열정과 호탕함이 묻어난다.

쓰촨 사람들이 휘궈를 즐겨먹는 이유는 기후와 관계가 있다. 분지에 위치한 쓰촨은 겨울이 습해 몸이 약해지기 쉬운 기후 조건을 가졌다. 그래서 쓰촨 사람들은 매운 음식을 먹고 땀을 빼서 몸을 가뿐하게 하고자 간편하고 돈 안 드는 훠궈를 개발하게 된 것이다. 뜨끈뜨끈한 국물에 온 갖 산해진미를 넣어가며 먹는 훠궈는 재료 선택의 재미까지 안겨준다.

중국 사람들 사이에 "구이저우(貴州) 사람들은 매운 것을 두려워하지 않고, 후난(湖南) 사람들은 매워도 겁내지 않으며, 쓰촨 사람들은 음식이 맵지 않을까 겁낸다"라는 말이 있다. 쓰촨 사람들의 매운 맛 사랑을 엿볼 수 있다. 그런 만큼 쓰촨 요리는 매운 음식으로 유명하다. 그러나 같은 매운 맛이라도 북방의 매운 맛이 얼얼하기만 하고 다른 맛을 느낄 수 없다면 쓰촨의 매운 맛은 혀가 마비될 정도로 톡 쏘면서도 끝에 고소한 향미가 남아 먹기가 한결 부드럽다.

쓰촨 사람들이 매운 음식을 즐기는 데는 습한 기후의 영향도 있지만 솔직하고 화끈한 쓰촨 사람들의 성격과도 관계가 깊다. 쓰촨 지방의 전

쓰촨에서 살아가는 강족(羌族)

통극만 보아도 날카로운 소리를 내지르는 '매운' 창법이 대부분이다. 쓰촨 아가씨들도 톡 쏘는 성격으로 유명하다. 습한 기후와 흐린 날씨가 많다 보니 그녀들은 희고 뽀얀 피부를 가졌지만 마음에 들지 않은 일이 있으면 '매운' 성격이 나온다. 하지만 애교를 부리면 당할 사람이 없어서 "달콤하면서도 매운 아가씨"라고도 불린다.

쓰촨 사람과 관계 맺기

개방된 마인드의 쓰촨 사람들은 열정을 가지고 적극적으로 일하며 어려움도 잘 견딘다. 따라서 쓰촨 사람들과 비즈니스를 하려면 그들과 동고동락할 수 있어야 한다. 또한 모든 것이 풍요롭고 물가가 싼 지역이라

삼국시대 제갈량을 기리는 청두 무후사(武侯祠)

사람들은 한가로운 생활의 멋을 누린다. 과거 농경 사회의 영향 때문인지 이들은 시간관념이 약하다. 쓰촨의 방언에는 시간과 관련된 단어 자체가 매우 적으며 시·분·초의 단위를 정확하게 계산할 수 있는 단어가 없다. 그래서 사업을 하면서도 어렵사리 잡은 비즈니스 기회를 아깝게 놓쳐버리는 경우가 많다.

쓰촨 사람들은 외향적이라 거래에 별다른 어려움이 없지만 재정 문제에는 주의를 기울여야 한다. 그들이 속임수를 쓴다는 말이 아니라 재무에 대한 관념이나 기교가 부족하기 때문이다. 쓰촨은 현재 중국 서남 지역 교통의 허브로 발전했다. 성 전체가 장강이 관통하는 수로 운송의 중심지이자 각종 육로 교통이 사통팔달로 뻗어 있는 교통의 요지다. 여기에 쓰촨 사람들의 패기가 더해져 사업의 잠재력은 무한하다.

신장웨이구얼 자치구
간쑤성
네이멍구 자치구
산시
(山
닝샤후이족
자치구
산시성
(陝西)
칭하이성
시짱 자치구(티베트)
쓰촨성
충칭
후난
후
구이저우성
원난성
광시좡족 자치
하이난

화둥 지방
華東

안후이
安徽

장사 수완이 좋은 대상인들

안후이는 남북이 교차하는 지점에 자리 잡고 있어 같은 안후이 사람들이라도 각각 다른 성격을 보여준다. 회하 북쪽 사람들은 신의를 중시하고 일을 시원하게 처리하지만 계약에 관한 관념이 희박해 법적 분쟁에 휘말리는 경우가 잦다. 이와는 반대로 남쪽 사람들은 장사 수완이 좋아 안후이 대상인들을 대거 배출했다. 서쪽 사람들은 순박하고 의리가 있으며 상업에 종사하기를 꺼린다. 동쪽 사람들은 쑤저우나 상하이 지역의 영향으로 경제에 관심이 많으며 고향을 떠나 일하는 사람들이 많다. 이들은 대부분 근면하고 성실하며 새로운 사물을 받아들이는 속도가 빠르다.

“안후이 사람이 없으면 장사꾼이 없다”라는 말이 있다. 그만큼 안후이 사람들이 장사에 능하다는 말이다. 이런 배경에는 첫째, 조상 대대로 상인을 천하게 보지 않은 안후이 사람들의 생각이 자리한다. 둘째, 안후이의 열악한 지리적 환경과 관련이 깊다. 안후이에는 경작할 수 있는 땅의 면적이 좁아 장사 말고는 딱히 생존할 방법이 없었기 때문이다. 그 밖에 중원의 토족들이 전란을 피해 끊임없이 이곳으로 이주해 온 이민 사회이기도 하다. 명·청 시대에는 휘상(徽商 : 안후이 상인-옮긴이)의 무리가 수천 명의 규모로 발전하기도 했다. 옛날에는 봉건 종족 관계를 이용해 사업을 하던 휘상이 현대에 와서는 ‘상회(商會)’라는 조직을 만들어서 활동하고 있다. 우시 안후이 상회가 출범을 준비

중이고 베이징 안후이 상회, 원저우 안후이 상회는 이미 결성이 되어 활동하고 있다. 상하이 휘상도 상회와 유사한 조직으로 '성실선언(誠實宣言 : 고객을 성실하게 대하겠다고 선언함-옮긴이)'을 선포한 바 있다.

휘상 중에는 지식인이 많은데 이것이 바로 안후이 상인의 전통이다. 시가와 문학에 능한 유학자들이 부지기수였으며 이들 중에는 어릴 땐 유학을 공부하고 자라서는 상인의 길에 나서거나 공부와 장사를 겸하는 경우도 많았다. 그러다 보니 문화와 유학에 조예가 깊고 판단력과 통찰력을 겸비한 유상 중에는 급변하는 장사의 세계에서 흐름을 읽고 정확하게 판단하여 큰 성공을 거둔 사람이 많았다. 지식수준이 높다 보니 상인의 신분으로 관리나 귀족들과 자유롭게 교류하며 풍부한 지식과 경제력으로 안후이 문화의 번영을 가져왔다.

호경여당(胡慶餘堂) 박물관 내부
유명한 휘상(徽商) 호설암(胡雪巖)이 1874년에 열었으며 신중한 재료 선택과 제조를 경영 모토로 했다. 호경여당 중약 박물관(中藥博物館)은 중국의 유일한 국가급 중약 전문 박물관으로, 호설암이 남긴 금삽과 은솥, '속이지 않음'이라고 쓴 액자, '약국' 액자의 세 가지 보물이 있다.

상인과 학자의 재능을 겸비

　남방 쪽에서 보면 안후이는 북쪽이지만 북방 사람들의 입장에서 보면 남방에 속한다. 그래서 안후이 사람들은 남북의 특징인 호쾌함과 섬세함을 모두 가지고 있다. 머리가 좋고 말솜씨도 좋아 상인과 학자의 재능을 겸비했다. 5·4 문학운동을 제창한 후스(胡適)나 천두슈(陳獨秀)가 안후이 출신인 것도 이와 무관하지 않다. 중국 최초의 노벨상 수상자 양전위(楊振宇)도 안후이 출신이다. "나무가 크면 바람이 세고 너무 나서면 앞선 새가 총에 맞는다"는 안후이 사람들의 공통적인 좌우명이다. 그래서 사회의 조류에 잘 따르며 모험을 기피한다. 그러나 일단 모험을 하기로 결정하면 그 결과는 세상을 놀라게 할 정도로 대단하다.

　안후이 사람들은 성품이 온화하다. 특히 안후이 여성들은 다른 어떤 지역의 여성보다 온화하다. 그들은 네모난 그릇에 담으면 네모로, 둥근 그릇에 담으면 둥글게 변하는 물에 비유된다. 이들은 환경의 변화에 순종하며 쉽게 만족하는 생활형 여성들이므로 까다로운 주문도 하지 않고 스트레스도 없이 가볍고 유쾌하게 살아간다. 가진 것에 만족하고 낙관적인 그녀들은 순진하고 소박한 성품으로 남자들에게도 인기가 높다. 소박한 안후이 사람들은 상도덕을 준수하고 신용으로 사람을 대한다. 고생을 기꺼이 감수하며 외지에 나가서 3년 이상 집에 돌아오지 않기 때문에 신혼 때의 오랜 별거도 예사로 여긴다. 장사를 하려면 머리도 좋아야 하지만 타지에 나가서 자리를 잡기 위해 오랫동안 고생하는 정신도 필요하다. 그래서 안후이 상인들의 성공은 고생을 마다 않는 그들의 소박함과 성실함에서도 그 비결을 찾을 수 있다.

귀착점은 농사

안후이는 남북이 교차하는 지점에 자리 잡고 있다. 회하와 장강이 서쪽에서 동쪽으로 안후이를 관통하면서 안후이를 남·북·동의 세부분으로 나누었다. 그래서 같은 안후이 사람들이라도 각각 다른 성격을 보여주고 있다. 회하 북쪽 사람들은 솔직하고 호탕하며 사업을 할 때 신의를 중시하고 일을 시원하게 처리한다. 하지만 계약에 관한 관념이 희박해서 법적 분쟁에 휘말리는 일이 잦다. 이와는 반대로 남쪽 사람들은 장사 머리가 잘 돌아간다. 안후이 대상인(大商人)들은 대부분 이곳에서 배출되었다. 서쪽 사람들은 순박하고 의리가 있으며 상업에 종사하기를 꺼린다. 동쪽 사람들은 쑤저우나 상하이 지역의 영향으로 경제에 관심이 많으며 고향을 떠나 일하는 사람들이 많다. 대부분 근면하고 성실하며 새로운 사물을 받아들이는 속도가 빠르다.

이렇게 지역마다 성격은 차이가 있지만 이들에게도 공통점이 있는데 바로 소농의식이 강하다는 것이다. 이들은 유교 문화의 영향으로 상업에 종사하면서도 평생의 업으로 삼지 않으려는 경향을 보인다. 그래서 젊었을 때 크게 사업을 경영해 돈을 번 사람들도 나이가 들면 고향으로 돌아가 농사를 지으며 살길 원한다. 밭을 일구고 그곳에 집을 짓고 조상의 사당을 보수하는 것은 거의 모든 휘상들의 유일한 귀착점이다. 이런 휘상의 전통은 오늘날에도 여전히 이어지고 있다.

이해득실에 민감한 실속파

안후이 사람과 잘 지내려면 먼저 그들의 문화적 배경을 알아야 한다. 안후이에는 특이한 문화유산이 많이 전해지며 서현(歙縣), 서우현(壽縣), 하오저우(亳州) 같은 역사 문화 명소가 즐비하다. 안후이 사람들도 조상의 영향을 받아 전통문화를 중요시한다.

안후이 사람들은 영리하고 재치 있어서 어딜 가나 환영을 받는다. 그 영리함도 남을 공격하기 위해서가 아니라 자기를 보호하기 위해서만 사용한다. 이를테면 사리에 밝아 자신을 보전한다는 '명철보신(明哲保身)'

의 도리를 따르는 것이다. 이들은 영리해서 주변 사람을 기분 좋게 해주는 재치와 기지가 넘친다. 그래서 설사 사이가 뒤틀릴지라도 한바탕 웃고 넘기는 지혜가 있다. 또한, 온화한 성품으로 일이 크게 틀어져도 도에 지나치게 화를 내지 않아 누구와도 쉽게 친해진다.

일찍이 안후이 출신의 문학가 후스(胡適)가 말하기를, 학문을 할 때는 큰 문제에 착안해서 작은 문제부터 착수해야 한다고 했다. 혹자는 이를 처세술에도 도입해서 매사에 신중하고 조용하게 임하되, 작은 부분부터 손을 써야 한다고 주장한다. 물론 지극히 옳은 말이지만 행동으로 옮기기가 어렵다. 안후이 사람들은 작은 부분에만 손을 쓰다 보니 정작 큰 부분은 놓치고, 큰 기상과 통쾌함이 결여되어 있다. 게다가 영리한 만큼 따지는 것도 많아서 보수적이며 이해득실에도 민감하다. 안후이 사람들은 작은 곳에 손을 쓰면 실질적인 이익을 얻는 반면 큰 부분을 신경 쓰는 것은 실속 없다고 여긴다. 그래서 거창한 것보다는 실속을 택하며, 집안을 단속하고 자신을 지키느라 세상의 원대함을 망각하기 일쑤다. 이들에게는 밖으로 뻗어가는 개척 정신이 부족한 것 같다. 실속 없는 일을 피하려다 보니 매사에 신중을 기하는 군자에 가깝지, 배포 있게 도전하는 맹장(猛將 : 용맹한 장수—옮긴이)은 아닌 것이다. 결국, '작은 부분에서 손을 쓰는' 사고방식은 안후이 사람들을 돋보이게 하면서 한편으로는 그들의 발목을 잡는 걸림돌이 되기도 한다. 따라서 그들과 잘 지내고 싶다면 먼저 박력을 보여주는 것이 필요하다.

안후이 사람들은 정치 참여 의식도 강한 편이다. 장사의 기반을 잘 닦아 벼슬길에 오른다는 말이 있듯이, 안후이 사람들은 관리나 정치가가 되고 싶어 한다. 정치에 대한 이들의 관심은 도가 지나칠 정도여서 어떤 관직에 있느냐에 따라 인재에 대한 평가도 달라진다. 황제를 지낸 주원장(朱元璋), 그보다 한 단계 아래로 제(齊)나라의 재상을 지낸 관중(管仲), 유방을 도와 한나라를 세운 장량(張良), 청나라의 개혁에 앞장섰던 리훙장(李鴻章) 등이 모두 안후이성이 배출한 인재들이다. 군사나 장군은 그 수가 훨씬 많아서 삼국지의 명장 주유(周瑜), 왜적을 물리친 명나라 장수 척계광(戚繼光), 청(淸) 말 쿠데타의 주역 펑위샹(馮玉祥), 군인 겸 정치가 장쯔중(張治中), 리커눙(李克農) 등을 들 수 있다. 시장경제가 도입된 오늘날에도 안후이 사람들의 정치적 열정은 여전히 식을 줄을 모르며 정치를 향한 그들의 집착은 조금도 꺾이지 않았다. 그러므로 안후이 사람들과 친구가 되려면 그들의 정치적 욕망을 이해해야 한다.

안후이 사람과 관계 맺기

차를 즐겨 마시는 안후이 사람들의 특성을 잘 이용하면 이들과 지내기

청나라 홍인(弘仁)의 황산도(黃山圖)

이 그림은 꽃이 만발하고 봉우리에 구름이 걸쳐진 황산의 절경을 묘사했다. 저 뒤의 운봉들이 보일락말락 드러나 있는 이 그림은 전체적인 느낌이 깨끗하고 단아하며 그 의미가 깊고 심오하다.

에도 수월하다. 안후이 사람들은 녹차의 주산지 출신답게 홍차의 진함
도, 맹물의 싱거움도 아닌 녹차의 평화로움을 닮았다. 그래서 남을 해치
지 않는 온화함으로 쉽게 가까워질 수 있다. 안후이 사람들은 차를 즐길
뿐 아니라 손님에게 맛있는 차를 끓여 대접하는 전통을 몇 천 년 동안 이
어오고 있다. 이들은 심지어 식사 전에 손님에게 국수를 내놓거나 달걀
을 대접하는 것을 '차를 먹는다' 라고 표현하며 이를 '광면차(光面茶)'·
'달걀차(鷄蛋茶)' 라고 부른다. 손님에게 차를 대접할 때는 정성을 들여야
할 것이 많은데, 먼저 좋은 찻잎과 다기를 마련하여 찻잎을 잘 우려내고
배합을 잘해야 손님 접대를 제대로 했다고 여긴다.

안후이 사람들과 사업을 하려면 신용을 지켜야 한다. 안후이 상인은
오랫동안 성실과 신용, 의리와 인의로 대표되는 상도를 형성했다. 비즈
니스에 임하는 이들의 성실함과 의리는 예부터 유명하다. 가령 청대 안
후이 무원(婺源) 출신 차 상인 주문치(朱文熾)는 광동지방에서 찻잎을 팔
았는데, 새로 나온 차가 기한을 넘기면 주변 사람의 만류에도 계약서에
'진차(陳茶)' 라고 표시하여 사람들을 속이지 않았다. 주문치는 이익을 버
리고 의를 취하며 상도를 지키기 위해 광동지방에서 20년 동안 몇 만 냥
의 손해를 보았지만 단 한 번도 후회하지 않았다. 주문치와 같은 사례는
휘주(徽州) 역대 역사 서적에서 얼마든지 볼 수 있는데 이는 이문을 남기
려는 장사의 목적에 어긋나는 행동이다. 그러나 휘상의 전통 상도는 현

대 안후이 상인의 피 속에도 그대로 녹아 있다. 그들은 이익보다는 의리를 내세우며 치열한 시장 경쟁에서도 성실함과 품질을 중시한다. 안후이 상인은 비즈니스나 대인관계를 막론하고 인의도덕에서 출발해 정당한 이윤을 추구하며, 무엇보다 다른 사람의 위급함을 틈타 부당한 이익을 취하지 않는다. 비즈니스에서 의리를 중시하는 것도 현대 안후이 상인의 특징이다. 이들은 남녀노소를 불문하고 속이지 않으며 새로운 고객과 단골을 구별하지 않고 한결같은 태도로 대한다. 따라서 안후이 상인과 비즈니스를 할 때는 이들의 전통 상도를 알아두는 것이 크게 유익하다.

시장의 새로운 사물을 빠르게 받아들이는 것 또한 안후이 상인의 전통이다. 이들은 외부의 정보를 빠르게 받아들여 안후이에 정착시킨다. 안후이의 도시 생활은 다른 지역과 같으며 술집이나 노래방·호텔·목욕탕·이발관의 설비도 유행에 뒤지지 않는다.

그런가 하면 소농의식은 치열한 시장 경쟁에서 패배하게 만드는 최대 약점으로 작용한다. 이제는 안후이 상인들도 소농의식을 떨쳐버리고 투철한 상업의식으로 무장해야 시장경제에서 더 강하게 살아남을 것이다.

산둥
山東

유교는 나의 힘

이치를 따져 바른 말을 하는 것은 산둥 사람들의 원칙이다. 강남의 골목처럼 구불구불하지 않고 직선으로 시원하게 뚫린 산둥의 골목처럼 산둥 사람들은 자기가 옳다고 여기면 담아두지 않고 시원하게 털어놓는다. 감정이나 희로애락을 숨기지 못하는 그들의 솔직함은 극히 순수한 양심에서 비롯되며 거칠거나 함부로 대하는 것과는 다르다.

산둥을 '제노의 땅' 이라고 부르는데 이는 산둥 사람들이 춘추전국시대의 제(齊)나라와 노(魯)나라의 후예들이기 때문이다. 제나라는 현지의 토착 문화를 흡수하여 발전시켰으며 노나라에서는 공자를 대표로 하는 유가사상 학설이 탄생했다. 이 두 고대 문화의 차이를 보면 제나라는 효용과 이익을 따지며 노나라는 윤리를 내세운다. 제나라는 혁신을 강조하는 데 비해 노나라는 전통을 중시한다. 산둥은 이러한 제나라와 노나라의 문화가 풍부하게 조화를 이룬 역사의 땅이다.

노나라의 공자가 제창하고 맹자·순자 등이 계승한 유학 사상은 산둥 문화의 핵심으로 사회적 기초를 다지면서 산둥인의 성격을 형성했다. 산둥 사람들에게는 유학 사상의 피가 흐른다고 해도 과언이 아니다. 그들에

공자에게 제사를 지내는 의식
2004년 공자 탄신 2555년을 기념하여 거행된 제사 의식은 공자의 고향 산둥 취푸(曲阜) 공자의 묘에서 장중한 분위기 속에 진행되었다. 사람들은 이렇게 성대하고 전통적인 방식으로 공자를 기리고 존경심을 표현한다.

게 유학은 삶의 일부로서 거대한 지배적 역량을 갖고 정치·경제·문화 전반에 걸쳐 영향력을 행사한다. 물론 새로운 세상의 변화에 적응하면서 복잡한 예교의 절차는 많이 간소화되었지만 과거 이데올로기의 주류였던 유학은 민간의 도덕을 지탱하는 정신적 지주로서 여전히 건재하다.

설날 아침 인사는 "일찍 일어나십시오"

농업으로 생계를 이어가는 자급자족형 자연 경제체제의 후손들답게 산둥 사람에게는 근검절약이 몸에 배어 있다. 근검절약은 기본적인 미덕일 뿐 아니라 사람의 인품을 재는 척도가 되기도 한다. 산둥 사람들은 누

19세기 동판화로 표현된 산둥의 민간 예술인

군가를 욕할 때 "먹기만 하고 일은 게을리 하는 놈일세"라고 하며, 여성을 칭찬할 때는 "근검하고 부지런한 규수로다" 하고 칭찬한다. 부지런함과 안빈낙도는 산둥 사람들의 천성이다. 청나라 말기부터 산둥성 사람들은 계속해서 동북삼성으로 이주했다. 1930년대는 산둥성 일대에 대기근이 들어 동북삼성으로 이주하는 사람이 많았고, 1956년에는 산둥성 정부에서 동북삼성으로 가 황무지를 개간할 이주자를 모집하기도 했다. 그 결과 현재 둥베이 사람 일곱 명 중 한 명이 산둥 사람이거나 그 후예라는 비공식 통계가 나와 있다.

산둥과 둥베이 지역 민간에는 꼬리 없는 용 라오리(老李) 이야기가 전해진다.

산둥에 이 씨(李氏) 성을 가진 남자가 있었다. 부인과 슬하에 자녀가 없었는데 어느 날 부인이 강가에서 빨래를 하다가 용에게 붙잡혀서 관계를 맺고 임신을 하고 말았다. 3년이 지나 낳고 보니 한 마리 흑룡이 아닌가! 마을 사람들은 흑룡 라오리를 요괴로 여겨 꼬리를 잘라버렸다. 그랬더니 용은 사람의 형상으로 변했다. 라오리는 자라서 부잣집의 머슴이 되었다. 부자에게는 아리따운 딸이 하나 있었는데 불행하게도 말을 못하는 벙어리였다. 그런데 라오리를 보자마자 말문이 트였고 부자는 당장 그 딸을 라오리와 맺어주었다. 2년이 지나 산둥에 큰 가뭄이 들었다. 라오리는 백성들의 고통을 차마 볼 수 없어 옥황상제의 허락도 받지 않고 술법을 써서 비를 불러왔다. 옥황상제는 크게 화를 내며 백룡 한 마리를 보내 흑룡 라오리를 잡아오게 했다. 두 마리의 용은 산둥에서 싸움을 시작해서 둥베이까지 이르렀다. 사흘 밤낮을 싸워도 승부가 나지 않자 나흘째 되던 날 라오리는 부인의 꿈에 나타나 6월 초사흗날 생석회를 모아서 자기를 도와 달라고 당부했다. 산둥 사람들은 그의 은혜에 보답하기 위해 고생을 마다 않고 둥베이로 달려왔다. 6월 초사흘이 되자 두 마리의 용이 다시 싸우기 시작했다. 강물이 혼탁해지고 천지가 어두워졌다. 이때를 틈타 산둥 사람들은 강물에 생석회를 뿌렸고, 엉켜 있던 두 마리의 용은 함께 죽어버렸다. 사람들은 라오리를 기념하기 위해 이 강을 흑룡강이라고 불렀다.

이렇게 밀접하게 연결되어 있는 산둥과 둥베이는 양쪽 사람들이 다 근검하고 소박하며 손님 접대에 성의를 다한다. 둥베이 사람들은 손님이 오면 무조건 내실을 내주며 그곳에 묵게 하는데, 이것은 손님을 친밀하게 대하는 최고의 예우다. 산둥 사람들은 손님이 오면 부자든 가난하든 관계없이 융숭하게 대접해서 돌려보낸다.

산둥 사람들의 근검절약은 자신에게만 해당될 뿐 친척이나 이웃, 심지어 낯선 사람에게도 아낌없이 내준다. 일부 지역에서는 사람들을 만나면 "식사 하셨어요?"가 아니라 "국은 드셨어요?"라고 인사한다. 국을 마신다는 말에는 근검절약의 의미가 담겨 있다. 설날 아침에는 "일찍 일어나십시오"라는 인사를 주고받는다. 즉 일찍 일어나서 부지런히 일하라는 의미이며 새로운 한 해를 부지런히 시작하자는 덕담이다.

일방적이며 고집스러운 술 문화

『인문중국(人文中國)』이라는 책은 유럽 3개국 사람들이 바늘을 땅에 떨어뜨린 뒤 그것을 찾는 과정과 각기 다른 태도를 묘사했다. 이를 산둥 사람과 저장 사람에게도 적용해보자. 저장 사람은 밝은 귀를 쫑긋 세워 바늘이 어디로 떨어지는지 섬세한 소리까지 구별하며, 머리를 써서 바늘이 있을 만한 곳으로 자석을 조심스럽게 갖다 댄 다음 콧노래를 부르며 가볍게 이를 찾아낼 것이다. 산둥 사람들은 바늘이 떨어지자마자 바닥에 웅크리고 앉아 바늘을 찾을 때까지 두 손으로 이곳저곳을 더듬을 것이다. 프랑스 사람들처럼 빗자루로 몽땅 쓸어버리는 성급함도 없으며 독일 사람들처럼 자와 분필로 표시를 해가며 찾아내는 세밀함도 없다. 산둥 사람들은 바늘을 찾아내서는 책상 위나 창가에 던져놓고 몸에 묻은 흙을 털어내고 아무 일도 없었다는 듯이 하던 일을 계속할 것이다.

다소 웃긴 이야기지만 여기에는 산둥 사람들의 직설적인 성격이 남김 없이 드러난다. 산둥 사람들의 성격에 가장 큰 영향력을 끼친 3성(三聖)은 산(泰山, 태산), 강(黃河, 황하), 성인(孔子, 공자)이다. 문학작품에서도 산둥 사람은 호탕하고 거칠게 표현된다. 술 문화는 산둥에서 역사가 깊다. 성인 공자도 술은 어지간히 좋아했다. 음식 습관은 상당히 까다로운 반면 술만은 양을 정하지 않고 마셨다고 한다. 산둥 사람들은 술을 취할 때까지 마시는 스타일이다. 술이 약하다고 엄살을 떨다가는 산둥 사람에게 무시당하기 십상이다. 또 건배라고 외쳤으면 반드시 잔을 비워야지, 반만 마시면 이번에는 자기가 무시당했다고 화를 낸다. 산둥 사람들의 술 권하는 방식은 매우 직설적이다. "자, 잔을 비우시죠. 날 무시하지 않으려거든 잔을 비우면 됩니다." 호탕하게 술을 마음껏 마신 후 시를 읊으며 즐기는 가운데 사업은 자연히 성사된다.

산둥 대한(山東大漢 : 산둥의 거한)

    중국에서 친구로 사귀기에 가장 좋은 지역 사람이 누구냐고 물으면 대부분 산둥 사람이라고 대답한다. 그 정도로 산둥 사람들은 좋은 평가를 받는다. 솔직하고 활달한 산둥 사람들에게는 북방인의 열정이 있다. 이 열정은 무의식중에 상대를 사로잡고 그들과 친구가 되게 한다. 한 지방의 물과 흙이 그 지방의 사람을 기른다는 말대로 사람은 이 물과 흙에서

태산 18반(泰山十八盤)
태산은 산둥성 중부에 있는 '천하 제일의 산', '오악(五嶽) 중의 으뜸'으로 꼽힌다. 중국의 명산 중에서도 태산만큼 사람과 가까운 산도 없다. 오랜 세월 동안 태산은 중국 사람들에게 정신적으로 큰 힘이 되어주었다.

나온 음식을 먹고 살아간다. 다른 지역의 농작물도 산둥에만 갖다 심으면 굵고 크게 자란다. 그래서 산둥에 오면 배추·파·마늘 할 것 없이 이름 앞에 큰 '대(大)' 자가 붙는다. 산둥 사람들이 먹는 전병은 '대병(大餠)'이라고 부르며 음식도 큰 그릇에 담아 먹는다. 큰 것만 먹고 사는 산둥 사람들의 키가 큰 것은 당연하다. '산둥 대한(山東大漢 : 산둥의 거한)'이라는 말도 그래서 생겼다. 산둥 남자 하면 수당 시기의 장군 진경(秦瓊)이나 맨손으로 호랑이를 때려잡은 『수호지(水湖志)』의 무송(武松)을 떠올리게 된다. 그들은 모두 순박하고 의리와 신용을 지키는 사나이다.

남북의 교통을 잇는 운하
명나라 만력(萬曆) 연간에 건설된 대아장(臺兒莊) 운하는 산둥과 장쑤를 연결해주는 남북 교통의 중추로, 선박 운송은 오늘날까지 계속되고 있다.

이치를 따져 바른 말을 하는 것은 산둥 사람들의 원칙이다. 강남의 골목처럼 구불구불하지 않고 직선으로 시원하게 뚫린 산둥의 골목처럼 산둥 사람들은 자기가 옳다고 여기면 담아두지 않고 속 시원하게 털어놓는다. 즉 감정이나 희로애락을 숨기지 못한다. 그들의 솔직함은 극히 순수한 양심에서 비롯되며 거칠거나 함부로 대하는 것과는 구별되는 미덕이다. 의리 있는 산둥 사람들은 친구도 진실하게 대하며, 곤경에 처해도 쉽게 친구에게 도움을 청하지 않는다. 그러나 친구에게 어려움이 닥쳤을 때는 불길에 뛰어들 기세로 나서서 돕는다.

산둥 사람과 관계 맺기

산둥 사람들의 상업 철학은 유가사상을 바탕으로 하고 있어 절대로 부당한 이익을 취하지 않는다. 부유하다고 존귀해지는 것은 아니라고 생각하며, 존귀하더라도 부유함을 쫓지는 않는다. 부라는 것은 존귀함 뒤에 저절로 따라온다고 여기기 때문이다. 산둥 사람과 비즈니스를 할 때는 절대로 양심을 속이거나 떳떳하지 못한 행동을 해서는 안 된다. 중국 상인들은 성실과 신용을 가장 큰 전통으로 여겼다. 이 점은 산둥 상인들에게서 유난히 두드러진다. 이들은 상대와의 우정을 중요시하며 설령 손해를 좀 보더라도 상대를 속이지 않는다. 한편 산둥 사람들은 고생을 감수하지만 모험정신이 부족하다. 그들 스스로 인정하는 부분이기도 하다.

산둥 사람과 거래할 때는 이익보다 의리를 중시하고 신용을 지켜야 한다. 진정한 친구로 여기면 사업도 술술 풀릴 것이다. 그들의 수고를 인정

공자행단강학도(孔子杏壇講學圖)
공자는 개인이 학교를 세운 선례를 남겼다. 그의 유학 사상은 몇천 년 동안 계승되어 많은 사람들에게 영향력을 행사하고 있다.

하고 합당한 보상을 해주는 태도도 필요하다. 산둥 사람들이 농촌을 중요한 시장으로 보고, 이 지역을 겨냥한 물건을 취급하는 것도 눈여겨보아야 한다. 농촌은 거대한 소비 시장이므로 이를 겨냥한 사업과 홍보가 매우 중요하다. 이때는 알아듣기 쉬운 홍보 전략과 실용적인 아이템을 공략해야 한다. 또 고향이 같다는 점을 들어 어려운 문제를 쉽게 해결할 수도 있다. 산둥 사람들이 같은 고향 출신끼리 뭉치는 힘을 이용하면 어떤 장벽도 쉽게 넘을 수 있다. 고향과 인정을 중시하는 그들의 특징을 이용해 큰 비즈니스 기회를 잡을 수도 있다.

마지막으로, 산둥 사람과 비즈니스를 하려면 반드시 술을 마실 줄 알아야 한다. 그것도 통쾌하게 마셔야 한다. 그들의 호방함을 이해하고 한 사람 한 사람을 영웅호걸로 대해야 한다. 협상할 때는 이리저리 말을 돌리지 말고 솔직해야 한다. 이때 성질이 급해 말부터 튀어나오는 그들의 특징을 잘 공략하면 승산이 있다.

상하이
上海

서구화된 도시

상하이 사람은 두 명만 모이면 모두 들으라는 듯 목소리를 한껏 높여서 상하이 방언으로 대화한다. 옆에 있던 타지 사람이 마뜩잖은 눈빛으로 쏘아보거나 인상을 써도 아랑곳하지 않는다. 이들의 배타성은 자신들이 다른 중국인보다 급이 높으며, 전국 최고의 우수한 '인종'이라고 생각하는 우월감에서 비롯되었다. 사람들 앞에서 상하이 방언을 쓰는 것은 마치 휴대폰이 처음 나왔을 때 벼락부자가 사람이 많은 곳에서 큰 소리로 통화를 하면서 으스대는 것과 별반 다르지 않은 심리다.

상하이 사람들은 똑똑하고 치밀하여 타지방 사람들로부터 계산적이라는 말을 많이 듣는다. 오랫동안 경쟁이 치열한 대도시에서 살아가며 상업을 중요시한 결과 형성된 성품이다. 치밀한 계산을 하지 않으면 생존이 불가능했기에 이들에게 치밀함은 가치관이자 생존 능력을 의미한다. 상하이 사람들은 출장을 갈 때 비싼 기차표를 사주면 싸구려 자리로 바꾸고 차액을 챙기는 경우가 많다. 최근에는 명절이나 공휴일 직후에 떠나는 여행이 상하이를 휩쓸고 있다. 명절 전에 비해 훨씬 싼 가격으로 '홍콩 4박 5일' 같은 여행 상품을 즐기는 것이다. 이런 치밀함 때문에 그들은 쩨쩨하다는 인상을 풍긴다. 하지만 쩨쩨하기는 하되 탐욕스러운 것은 아니며, 계산적이지만 음흉하지 않고 개인의 이익이나 권익을 챙기지만 남에게 피해는 주지 않는다. 내 것과 네 것을 확실하게 하다 보니 웃지 못할 일도 벌어진다. 복도를 공용으로 쓰는 아파트에서 집집마다 각자의 등을 따로 설치해놓고 전기료를 쓸 정도로 계산적이다. 이런 일은 타지 사람들이 보기에는 이기적이고 쩨쩨하지만 상하이 사람들에게는 불필요한 분쟁을 줄일 수 있는 '쿨'한 행위다.

우월감에 젖어 있는 유행에 민감한 도시

상하이는 오래전부터 서구 문물이 유입된 도시다. 외국인과 사업을 하고 외국 기업에서 일하다 보니 사람들의 생활과 사고방식도 자연스럽게 서구화되었다. 이들은 언제나 변화를 시도하고 외국의 유행을 받아들여 자신을 독특하게 표현하며 생활과 패션의 리더 역할을 하고 있다. 요즘에는 오히려 구식 유성기나 LP 레코드, 구식 자동차 같은 옛날 것들을 그리워하는 복고풍이 새롭게 유행하고 있다.

한동안 베이징 사람들은 타지 사람들을 모두 아랫사람으로 보고, 상하이 사람들은 외지 사람을 모두 시골뜨기로 여긴다는 우스개가 유행했다. 사실 상하이 사람들은 '외지인(外地人)'이라는 단어를 사람을 욕하거나 무시하는 의미로 쓴다. 그 정도로 타지 사람들에게 호의적이지 않고 자신들을 우월한 존재로 여긴다. 이런 배타성이 가장 두드러지는 것이 그들이 즐겨 쓰는 상하이 방언이다. 상하이 사람은 두 명 이상만 모이면 들으라는 듯 목소리를 한껏 높여서 상하이 방언으로 대화한다. 옆에 있던 타지 사람이 마뜩잖은 눈빛으로 쏘아보거나 인상을 써도 아랑곳하지 않는다. 이들의 배타성은 자신들이 다른 중국인보다 급이 높으며, 전국 최고의 우수한 '인종'이라고 생각하는 우월감에서 비롯되었다. 사람들 앞에서 상하이 방언을 쓰는 것은 마치 휴대폰이 처음 나왔을 때 벼락부자가 사람이 많은 곳에서 큰 소리로 통화를 하면서 으스대는 것과 별반 다르지 않은 심리다.

공인된 소시민 근성

상하이 사람들은 누군가로부터 '소시민(小市民)'이라는 말을 들으면 발끈한다. 상하이같이 이름난 국제도시에서 배운 것이 없고 쩨쩨하며 남의 불행을 보고 기뻐한다는 비난을 듣는 것은 인격에 대한 모욕이라고 여기기 때문이다. 그러나 상하이 사람들의 소시민 근성은 이미 공인되었다. 그들이 손해를 보지 않기 위해 무슨 일에나 수완과 요령을 동원하는 것 자체가 소시민 근성이며, 영악하고 교활하며 난 체하는 것도 소시민 근성이다. 유행에 민감한 것도 따지고 보면 우월감을 표현하려는 소시민 근성에서 비롯되었다. 상하이 사람들은 반응이 느리고 변화에 재빨리 적응하지 못하면 감각 없는 사람이라고 흉본다.

보호 본능을 자극하는 가냘픈 남자

예전에 한 코미디 프로그램에 북방 출신 부인이 상하이 출신 남편을 흉보는 이야기가 나왔다. "어제 저녁에 저 사람이 코딱지만한 케이크를 먹는 것을 보고 잠이 들었는데 아침에 일어나 보니 그때까지도 먹고 있지 뭐예요."

이런 식으로 상하이 남자를 풍자하는 코미디는 넘쳐난다. 상하이 남자의 특징 중 하나는 중성화 되었다는 것인데 이 말은 일리가 있는 듯 하다. 그들은 외모에 관심을 가지고 여성 못지않게 외모를 꾸민다. 건장한 사람보다는 부드럽고 가냘픈 사람이 많아 여성들의 보호 본능을 자극한다. 그래서 "상하이 남자도 남자라고 해야 하는가?"라는 말이 있을 정도다.

상하이 남자들은 치밀하고 계산적이다. 그들은 '전형적인 상하이 남자' 라는 평가를 달갑지 않게 받아들인다. 그러나 이런 치밀함은 상인이 갖춰야 할 품성이며, 그들의 수완은 외지 남자들이 아무리 노력해도 따라잡지 못한다. 상하이 남자들은 여자에게 부드럽고 친절하며 헌신적이다. 그들에게서는 남성 우월주의를 찾아볼 수 없다. 언제나 여성을 존중하고 여성에게 자유를 준다.

지혜롭고 눈치가 빠른 센스쟁이

상하이 여성은 '여장부'와 '소녀'의 중간쯤 되는 성품을 지녔다. 이들은 여간해서는 사치하지 않는다. 옷에 투자하는 비용은 월수입의 10분의 1을 넘지 않으며 다음에 쓸 것을 대비해 남겨놓는다. 옆집이나 이웃과 비교하기를 좋아하고 이웃이 새로운 전자제품이나 가구를 들여놓으면 무척 신경을 쓰며 자신도 그에 뒤지지 않으려고 애쓴다. 상하이 여성이 지혜롭다는 것은 누구나 인정한다. 사장은 이들을 일 잘하고 눈치 빠른 회사의 보배라며 소중하게 생각한다. 그녀들은 눈치가 빨라 어떤 장소에 가든, 누구를 만나든 한눈에 모든 것을 파악한다. 그래서 일행 중 누가 가장 높은 사람인지 금방 알아채며, 상대가 아무리 명품으로 치장을 해도 그것들을 잘 매치했는지, 면도기와 쉐이빙 크림을 고급으로 썼는지, 향수 냄새를 너무 짙게 풍기지는 않는지 같은 것들을 보고 상대를 어떻게 대할지 재빠르게 계산한다.

까다로운 상하이 여인과의 만남

서양과 동양의 문화가 어우러진 상하이에는 서양 명절과 각종 기념일이 많다. 이런 것들을 챙기다 보면 남자친구의 허리가 휠 정도다. 밥 한 끼 먹는 데도 한두 푼 드는 것이 아니다. 그러나 비싼 음식을 사주지는 못해도 음식을 주문하는 센스 정도는 있어야 한다. 육류와 생선, 채소의 배합을 생각하며 포도주 한 잔을 곁들이면 분위기를 아는 남자로 평가받는다. 상하이 여자 중 열에 아홉은 간식을 즐긴다. 그러므로 그녀의 핸드백 속에 수시로 간식거리를 채워주는 것도 잊지 말아야 한다. 또한 상하이 아가씨들은 놀이 문화를 즐긴다. 스케이트 · 볼링은 물론이고 전자오락을 비롯해 어디서 유행한다 싶으면 무조건 해봐야 직성이 풀린다. 그러므로 언제든 그녀가 "우리 ○○○하러 갈래요?"라고 말할 때를 대비해야 한다. 어느 정도 사귀면 여자의 집안 식구들에게 잘 보여야 하는 여러 관문이 남아 있다. 장인 될 사람은 예비 사위의 됨됨이를 보기 위해 마작에 초대하는 경우가 많다. 너무 잘해서 계속 이기기만 하면 장인이 기분 나빠할 것이고, 계속 지면 재주 없는 녀석이라고 할 것이다. 그렇다고 승패의 비율을 똑같이 맞추면 너무 계산적이고 교활한 녀석이라고 욕할 것이 뻔하다. 이래저래 곤혹스럽기는 마찬가지, 여하튼 적당히 져주고 적당히 이겨주면 된다. 마작의 관문을 통과하면 '사교 관문'이 기다린다.

결혼 후에는 처남이나 처제가 있을 경우 걸핏하면 이런저런 일을 도와달라며 귀찮게 하기 십상이다.

상하이 사람과 관계 맺기

상하이 사람들은 거절을 해도 직접 표현하지 않기 때문에 그들이 전하는 각종 간접 정보를 분석해 진정한 의미를 알아내야 한다. 친구를 사귈 때도 자신에게 필요한지 여부부터 따지며 합리적이고 실리를 추구한다. 친구들과 밥을 먹어도 돌아가며 계산하고 이유 없이 남의 신세를 지지 않는다. 그들의 이런 성격을 잘 파악하면 서로 적당한 분수를 지키면서 유쾌하게 교류할 수 있다.

비즈니스의 첫째, 상하이 사람들의 비즈니스 목적은 경제적 이익을 얻는 것뿐이다. 이들은 돈을 벌 수 있다면 모르는 사람과도 주저 없이 협력한다. 협상을 할 때는 이윤에만 관심을 둔다. 아무리 유명한 인사의 아들이라고 해도 그들은 상대의 신분에는 관심이 없다. 협상할 때는 상대의 옷차림을 보고 어떤 자질을 가졌는지 한눈에 판단한다.

둘째, 상하이 사람들과 비즈니스를 할 때는 상도덕과 법규를 준수하

라. 불법 거래는 절대로 안한다는 것이 상하이 사람들의 원칙이다. 개혁 개방 초기 연해 지역에서는 밀수가 성행하고 중국의 여러 지방에서 탈법에 의한 돈벌이가 장사의 비결로 통했지만, 상하이 상인들은 이런 행위에 동참하지 않았다. 법규를 준수하지 않으면 그들의 신뢰를 잃고 협력 관계가 깨져버린다.

셋째, 인내심을 발휘하라. 상하이 사람들은 협상을 진행하기 전에 대부분 사전에 시장과 상대방의 상황에 대해 철저히 조사하고 분석하는 등 충분한 준비를 거친다. 지나치게 꼼꼼해서 이것저것 따지기 때문에 이들과의 비즈니스에는 인내심이 필요하다. 하지만 담판에 성공하고 계약서에 서명한 후에는 진행이 매우 순조롭기 때문에 오래 참은 보람이 있을 것이다.

상하이 와이탄(外灘)의 야경
중국과 외국의 주요 은행이 밀집되어 있는 상하이 금융의 중심지로 '동방의 월가(Wall Street)' 라 불린다. 또한 와이탄에는 각국의 근현대적 특색이 묻어 있는 건축물들이 많아 '만국 건축박람회' 라고도 부른다.

넷째, 사전에 각종 위험 요소에 대한 설명을 제대로 해주어라. 거래를 할 때 생길 수 있는 변수와 리스크에 대해 사전에 이야기해주어야 한다. 그래야 도중에 생기는 분쟁과 의혹, 불신을 피할 수 있다.

다섯째, 저쪽에서 가격을 제시하기 전에 이쪽의 속사정을 반드시 이야기해주고 합리적으로 상담을 진행하라. 그래도 그쪽에서 제시하는 가격이 터무니없이 높다면 미련 없이 포기해야 한다.

푸젠
福建

바다의 기개를 품은
연해지방

푸젠의 약칭은 '민(閩)'이다. 문(門) 속에 벌레(蟲, 충)가 한 마리 있는 모양이다. 그래서 '문 안에 있는 한 마리 벌레가 밖에 나가면 용이 된다'라는 뜻이 있다. 그동안 푸젠 남성들의 성공은 미스터리였다. 많은 사람들이 푸젠의 부가 '밀수, 정책, 해외 관계, 지리적 위치'로부터 비롯되었다고 여긴다. 그러나 푸젠 사람들에게는 알려지지 않은 비밀 병기가 있다. 그중에서도 가장 중요한 것이 고생을 견디고 열심히 일하는 정신이다.

푸젠성은 중국 남동쪽의 연해에 있으며 대외 교통의 역사가 유구하여 바다를 건너 생존을 추구하고 발전하던 전통이 있다. 바다 건너 멀리 떠나 생활하는 것은 푸젠성 사람에게 당연한 일이 되었다. 연해 지역에는 절반 이상의 가정이 외국과 관계를 맺고 있으며, 푸젠성의 해외교포 수는 전 국민 중 으뜸이다. 중국인 30여만 명이 뉴욕에 차이나타운을 형성했는데 그중 푸젠성 인구가 상당히 큰 비율을 차지한다. 외부에 이주해 살다 보니 가정과 종족에 대한 관념은 다른 곳보다 강하다. 또한 장사로 유명하며 외국에 거주하는 푸젠성 사람들은 응집력이 대단하다.

푸젠의 흙집
가장 오래된 방식으로 지은 푸젠의 흙집. 주로 객가 (客家) 사람들이 거주하던 외진 산간 지역에 있다. 흙 집은 독특한 건축 스타일과 웅장한 규모로 긴 역사를 가지고 있으며 세계 민간 건축물 중에서도 독보적인 존재다.

저축왕 푸젠 사람들

푸젠 사람들은 구두쇠라는 인상을 준다. 그들은 비가 오면 우산을 두 개 가지고 다니며 하나는 자기가 쓰고 나머지 하나는 다른 사람들에게 판다고 한다. 쩨쩨하다고 생각할 수도 있지만 이는 푸젠 사람들의 치밀 함과 지혜를 보여주는 예다. 전국에서 조사한 결과 푸젠성 사람들의 저 축률이 가장 높았다고 한다. 푸젠은 연해지방으로 다른 지역과 비교할 때 수입이 적은 편은 아니지만 소비 수준은 낮다. 그들은 돈을 잘 벌면서 도 쓸 줄을 몰라 구두쇠라는 평가를 받는다. 그러나 공공사업이나 향토 사업에 큰돈을 투자하여 자신에게 쓰지 않고 더 큰 일에 흔쾌히 돈을 내 놓는 데서 그들의 성품이 엿보인다.

만묘 차밭(萬畝茶園 : 완우차위안)

남성을 경시하는 여성들의 천국

푸젠 남자들은 힘든 일을 잘 해내고 강인하다. 그러나 그들의 속마음은 연약하고 좌절을 견디지 못한다. 그들은 현실적이어서 이해득실부터 판단하며, 자기 보호 의식이 강해서 아무나 믿지 않는다. 심지어 다른 사람이 사기를 치지는 않을까 늘 노심초사한다. 이 점 역시 푸젠 남자들이 쩨쩨하다는 인상을 풍기는 이유다.

푸젠 사람들에게는 여성을 중시하고 남성을 경시하는 좀 특이한 풍습이 있다. 푸젠은 여자들의 천국이다. 오랫동안 여자들은 집 안에서 귀하게 자라며 집안일을 하지 않았다. 과거 푸젠의 가정에서는 집 안에서 요강을 썼으며, 밤마다 요강을 방 안에 들여놓는 사람은 대부분 남자였다.

푸젠 사람들의 청결 의식은 유명하다. 웬만한 집 안의 바닥이 북방 가정의 부엌에 걸린 솥뚜껑보다 깨끗하다는 말이 있을 정도다. 푸젠 남자들은 집안일을 잘하고 부인을 아끼며 요리 솜씨도 좋다. 이렇게 남자들이 떠받들어 주다 보니 푸젠 여자들은 게으름이 심하다. 현대적이고 도시적인 감각을 추구하는 푸젠 여성들은 자유롭고 평등한 가정생활을 원한다. 그녀들은 집안일보다는 바깥일에 관심이 많아서 집안일은 대부분 남편 차지다. 밥을 먹고 나면 여자들은 삼삼오오 마작을 하러 가고, 남자들이 장바구니를 들고 시장을 보는 장면도 흔히 볼 수 있다. 여자들이 마작을 하다 배가 고프다고 하면 남자들은 두말없이 먹을 것을 해다 준다. 푸젠 남자들은 달콤한 말을 할 줄은 모르지만 공처가가 많다. 그들은 월급을 고스란히 부인에게 바치고 집안의 대소사를 도맡는다.

비밀 병기는 고생을 견디는 근성

푸젠의 약칭은 '민(閩)'이다. 문(門) 속에 벌레(蟲, 충)가 한 마리 있는 모양이다. 그래서 '문 안에 있는 한 마리 벌레가 밖에 나가면 용이 된다'라는 뜻이 있다. 그동안 푸젠 남성들의 성공은 미스터리였다. 많은 사람들이 푸젠의 부가 '밀수, 정책, 해외 관계, 지리적 위치'로부터 비롯되었

청대에 외부로 팔려나가던 차(茶)
청나라가 대외 개방(약 1684년)을 한 후 해운 무역이
발달하기 시작했다. 이때부터 푸젠 차가 중동·남아시
아·서아시아·서유럽·동유럽 등의 30여 개 국가로
팔려나갔다.

다고 여긴다. 그러나 푸젠 사람들에게는 알려지지 않은 비밀병기가 있

다. 그중에서도 가장 중요한 것이 바로 고생을 견디고 열심히 일하는 정

신이다. 푸젠 사업가에게는 근성이 있다. 하겠다고 결정했으면 무조건

한다. 가산을 탕진해도 상관없고 목숨을 잃어도 괜찮다. 거액의 빚을 내

서라도 창업을 하겠다는데 누가 말리겠는가!

이해하기 어렵겠지만 특출한 인재가 없고 자원도 없는 푸젠에서 남자

들은 특유한 경영 모델을 만들었다. 원저우 사람들이 치밀하다면 푸젠

사람들은 담대하다. 이들은 자신만의 경영 방침으로 장사 밑천을 장만

한다.

가족보다 친구가 우선인 의리남

　푸젠 사람들은 말이 거칠지만 솔직하다. 그들은 쉽게 남을 동정하고 이해한다. 고민거리가 있을 때 친구를 찾아가면 별다른 말을 하지 않고 조용히 술을 한 잔 권할 것이다. 푸젠 사람들은 진심으로 친구를 대하며 친한 사이끼리 서로 집에 초대해서 떠들썩하게 먹고 즐긴다. 이런 생활은 그들의 삶을 윤택하고 생기 넘치며 자유롭게 해준다. 그들에게는 뜨거운 열정이 있어 좋은 친구나 동료가 되어준다. 그들은 의리가 있어 가족과 친구의 이익 중 무엇을 택할 것인가의 문제에 직면하면 망설임 없이 친구를 택한다. 마누라가 옷을 사 입겠다고 하면 이것저것 따지는 구두쇠라도 아는 사람이 돈을 빌려달라고 하면 큰돈을 선뜻 내준다. 한밤중에 친구가 전화로 불러내면 두말없이 달려 나간다. 집에는 마누라가 아파서 누워 있건 말건 아랑곳하지 않는다.

　고향을 떠나 타지 생활을 잘 견디는 푸젠 사람들에게서는 바다의 기개가 풍긴다. 그런 푸젠 사람과 친구가 되려면 너무 쩨쩨해서는 안 된다. 꼼꼼하게 따지는 그들이지만 그것은 어디까지나 장사를 할 때만 해당되지 친구에게는 의리로 대한다. 그들은 사람을 사귈 때 신중하고 세심하여 짧은 시간에 친구가 되기는 어렵다. 때로는 심하게 인색한 모습을 보이지만 그것은 특정한 개인에게만 그러는 것이 아니라 천성일 뿐이다.

따라서 그들의 특성을 이해하고 관용을 보여주어야 한다.

푸젠 사람과 관계 맺기

푸젠 사람들은 아무것도 두려워하지 않는다. 유일하게 두려운 것이 있다면, 그것은 장사를 못하게 하는 것이다. 그들은 장사에 소질이 있을 뿐 아니라 장사를 좋아한다. 그들은 상업을 고상하고 전망 좋은 직업으로 생각한다. 허난 사람들의 관념과는 완전히 상반된다. 그들은 장사에 관해서는 물 만난 고기처럼 자기 세상이다. 그들과 사업할 때는 상업을 중시하는 그들의 특징을 파악하고 그들의 장사 철학과 지혜를 배워야 한다. 그들에게는 근성이 있다. 장사를 할 때 험난한 고생을 두려워하지 않는 근성을 중시하고 진지하게 대해야 한다. 그들의 분투 정신을 이해하고 협력을 할 때도 성실하게 해야 한다.

푸젠 사람들은 거래할 때 흥정하지 않는 것을 오히려 비정상이라고 생각한다. 이들은 흥정이 비록 피곤하지만 필요한 일이라고 생각하고 이를 반긴다. 흥정을 내세우는 이유는 간단하다. 흥정을 통해서 지혜를 얻는다는 것이다. 가령 손님이 값을 깎을 때 다른 곳에서는 얼마에 판다더라 하는 식으로 대는 이유를 통해 시장의 정보를 얻을 수 있다. 상품에 대해 품질과 포장 같은 부분의 결함을 들추며 까다롭게 군다면 그런 점에 유의했다가 다음에 상품을 들여올 때 세심하게 따지면 된다. 그들은 값을 깎을 줄 모르는 고객은 바보라고 생각한다.

푸젠 사람들은 독실한 불교 신자들이다. 특히 바다의 여신을 섬기는데 이는 푸젠의 전형적인 문화 코드다. 푸젠 상인이 있는 곳에는 반드시 바다 여신을 모셔놓은 제단이 있다. 푸젠 사람들과 사업할 때는 상대의 내막을 알고 발전적인 안목으로 협력해야 한다. 그들의 상업 철학과 재능을 충분히 신임하고, 권력보다는 창업에 관심 있는 그들의 진취성을 배워야 한다.

바다의 여신 마조(媽祖)상
바다의 여신 마조는 백 가지 병을 치료할 수 있으며 행운을 가져다준다고 한다. 그 밖에도 기후 변화를 예측하여 어민들이 태풍의 위험을 피할 수 있게 해준다. 푸젠 사람들은 이를 감사하여 마조를 여신으로 받들었다.

장시

江西

문화 명인의 지방

장시 사람들은 정통을 추구하고 자연을 숭상하며 명리(名利)를 좇지 않는다. 그러나 이런 사상이 천 년이 넘도록 지배하면서 장시 사람들의 진취성을 앗아가버렸다. 돈을 어느 정도 벌면 만족하고 더 이상 발전을 추구하지 않으며 재산을 모으면 사당을 짓거나 족보를 편찬하고 부모를 봉양하느라 외지로 나가지 못한다. 사업에도 별 관심이 없어 큰 상인이 되고자 하는 야심을 갖지 않는다.

장시는 많은 문화 명인들을 배출한 지역이다. 도연명(陶淵明), 왕안석(王安石), 구양수(歐陽修), 나관중(羅貫中)을 비롯해 중국의 전통 문화를 대표하는 문인들이 모두 이곳 출신이다. 그래서 '인재의 고향', '문헌의 지방'이라는 영예를 얻었다. 오랫동안 유교의 영향을 받은 장시는 사람들과의 조화와 인연, 의리를 중시한다. 또한 정통을 추구하고 자연을 숭상하며 명리를 좇지 않는다. 그러나 이런 사상이 천 년이 넘도록 지배하면서 장시 사람들의 진취성을 앗아가버렸다. 돈을 어느 정도 벌면 만족하고 더 이상 발전을 추구하지 않으며 재산을 모으면 사당을 짓거나 족보를 편찬하고 부모를 봉양하느라 외지로 나가지 못한다. 사업에도 별 관심이 없어 큰 상인이 되고자 하는 야심을 갖지 않는다.

몸을 던져 이룩한 혁명 정신의 여인들

　장시의 문화는 곧 혁명의 문화다. 마오쩌둥이 혁명 군사 거점으로 삼은 정강산(井岡山)이 장시에 있었으며, 당시 장정(長征) 도중 희생당한 열사 네 명 중 한 명이 장시 사람이었다. 이렇듯 장시가 중국 혁명에 바친 공헌을 역사는 잊지 않고 있다. 목숨을 아끼지 않고 몸을 던져 이룩한 혁명 정신은 장시 여성들의 성격에도 그대로 드러난다. 그녀들은 대부분 고향을 떠나 멀리 가려 하지 않는다. 부모 형제를 도와 함께 고생을 하겠다는 각오 때문이다. 출가 후에는 시부모를 공경하고 남편을 존중하며 열심히 살아간다. 그러나 일단 타향 땅에 가야 할 일이 생기면 환경의 압

정강산(井岡山 : 징강산)의 회동을 묘사한 유화 작품

박을 두려워하지 않고 용감하게 개척해 나간다.

장시 여자들은 목소리를 높여서 싸운다. 싸우기 전에 기선을 제압하는 한 마디부터 던져놓고 시작한다. 승부가 자신이 불리한 쪽으로 나더라도 결코 승복하는 말은 하지 않으며, 오히려 "두고 보라지", "내일 다시 이야기하자" 같은 말을 남기고 돌아선다. 인터넷에서는 이런 장시 여자들을 두고 "피부는 고운데 성질이 고약하다"라고 평가한다. 이에 대해 장시 여자들은 외지인들이 장시의 방언을 이해하지 못해 싸움으로 오해한다며, 자신들은 평소에 어떤 악의도 없으며 다만 목청이 클 뿐이라고 볼멘소리를 한다. 사실 혁명과 봉기의 본 고장에서 여자들의 성격이 좀 급하고 혈기가 왕성한 것은 자연스러운 일이다.

장시의 사촌형제

명나라의 개국 황제 주원장이 전란 때 부상을 입고 장시 산촌의 한 농가로 피신했다. 농부는 부상당한 주원장이 빨리 회복하도록 정성껏 보살피고 달걀을 낳기 위해 남겨놓은 단 한 마리의 어미 닭을 잡아 보신을 시켜주었다. 감동한 주원장은 몸이 완쾌되어 떠나면서 이렇게 약속했다. "내가 황제 자리에만 오르면 장시 사람 모두를 사촌형제(老表 : 라오뱌오)

난창 봉기 장면을 재현한 유화

로 모시겠소. 어려운 일이 있으면 나를 찾아오시오." 나중에 장시에 큰 홍수가 일어나 농사를 모두 망쳐버렸다. 절망적인 순간에 노인들 몇 명이 주원장의 말을 기억해내고 부랴부랴 궁궐로 가서 황제를 알현했다. 과연 주원장은 자신이 한 약속을 어기지 않고 장시성에 3년간 세금을 면제해 주었다고 한다.

이때부터 "장시의 사촌형제"라는 말이 내려온다. 오늘날에도 친구들 사이에 오해나 갈등이 있어도 '사촌형제'라는 한 마디에 모든 갈등이 해소된다. 친척 사이에 서로 의논해서 안 될 일이 어디 있겠는가! 외지인들이 장시에 와서 어려운 일을 당했거나 길을 잃었을 때도 '사촌형제' 한 마디면 이곳 사람들의 진심 어린 도움을 받는 것은 의심할 여지가 없다.

폐쇄적 분지 콤플렉스

장시 사람들에게는 보수적이고 폐쇄적인 '분지 콤플렉스'가 있다. 북쪽으로 입구가 나 있는 분지 형태의 지역인 데다 바다에 면해 있지도 않아서 외부와의 교류가 적었다. 반면 기후가 온화하고 비가 많이 내려 농작물이 성장하기에는 좋은 환경이었다. 그래서 큰 고생을 하지 않고도 생존에 필요한 먹을거리를 장만할 수 있었다. 이런 우월한 자연조건은 땅에 대한 집착을 낳았고 땅을 버리고 나가 다른 일을 하기를 꺼리게 되었다.

자연환경의 영향 외에도 장시의 인문 역사는 작은 부에 만족하는 장시인들의 심리 형성에 지대한 영향을 주었다. 명·청 시대 이후에는 성리학(性理學)의 영향까지 더해져서 많은 사람들이 정통을 추구하고 모험을

파양호(鄱陽湖)의 고기잡이 노래
파양호는 아름다운 풍경으로 유명하다. 봄에서 여름으로 바뀌는 계절이면 호수의 물이 불어나고 수면이 빠르게 올라가 드넓은 호수를 볼 수 있으며, 겨울에는 급속히 수면이 내려가서 가는 띠 같은 물줄기만 보이고 풀이 드러나 넓은 평야처럼 보인다.

두려워하게 되었다. 따라서 현대의 장시 사람들은 혈관 속을 흐르는 보수적인 관념과 팽팽한 도전 정신 사이에서 방황하고 있는 집단이라고 할 수 있다.

장시 사람과 관계 맺기

고대의 장시는 중국에서 경제가 가장 발달한 지역이었으며 풍요로운 땅이었다. 장시 사람들은 사업보다는 정치에 관심이 많다. 오랫동안 관료 중심 사회로 살아오면서 가문을 빛내줄 관료들도 많이 배출해냈으며 교육을 받고 벼슬아치가 되는 것을 당연시했다. 장시 사람들은 일단 장사를 크게 벌이며 실패하면 당장 접고 다른 아이템으로 바꾼다. 그래서 긴 안목을 가지고 기다리는 끈기가 부족하다. 따라서 장시 사람들과 거래하려면 신중하게 아이템을 선택하고 효과적인 관리 감독 메커니즘을 구축해야 한다.

장시 사람들은 무슨 일에나 변명이 많다. 말에는 가시가 있고 각박하며 금방이라도 싸울 태세다. 식당에서 손님이 음식을 주문했는데 아무리 기다려도 나오지 않아 종업원에게 사정을 알아보면 그제야 주문한 음식의 재료가 다 떨어졌다는 대답이 돌아온다. 이런 일은 장시성 난창(南昌)

의 식당에서 흔히 볼 수 있는 장면이다. 음식을 시킬 때는 아무 말도 없다가 그제야 그런 소리를 하는 것도 이해가 가지 않는 일인데, 식당 측에서는 변명만 잔뜩 늘어놓을 뿐 미안하다는 말은 한 마디도 하지 않는다.

장시 사람들은 탐욕을 모른다. 그래서 외지인들은 물론 베이징·상하이·선전(深圳) 등으로 진출한 장시 출신들에게도 진취적이지 못하다는 지적을 받는다. 현재 많은 장시 사람들은 사업에 큰 야심이 없고 가정생활에서도 본분에 충실한 편이다. 마음의 조용함과 평화를 추구하는 장시 사람들은 친구로 가장 적합하다. 물론 과감하게 일을 처리하는 박력은 없지만 가족과 생계를 위해 근면하게 자기 일을 한다. 장시 사람들 중에는 선전에서 직장을 다니는 사람이 많은데 출중하지는 않지만 일정한 집단 범위 내에서 그들은 가장 열심히 일하는 사람에 속한다. 왜 일요일에도 쉬지 않고 일하느냐고 물으면 장시 사람들은 아마 대답 대신 씩 웃어 보일 것이다.

장쑤
江蘇

인재들의 고향

장쑤는 풍요로운 지역이지만 같은 장쑤라도 장강을 중심으로 북쪽과 남쪽으로 나눠지며 경제의 발전 정도에도 차이가 있다. 남쪽 지방은 교육을 중시하고 문화를 사랑하며 성품이 온화하다. 중부 지방은 작은 부에 만족하고 온유하며 평원과 물이 많고 세상 풍파에 관심이 없다. 북쪽 지방은 상대적으로 빈곤하지만 사람들은 호탕하고 한족 문화의 색채가 농후하다. 저장 사람들이 꼼꼼함과 모험심을 겸비하고, 산둥 사람이 인정이 많으면서 모험심이 있다면, 장쑤 사람들은 모험심보다 꼼꼼함을 더 갖췄다고 할 수 있다.

장쑤는 인재들을 많이 배출했다. 중국 4대 고전 명작 중 세 개는 장쑤와 관계 있거나 장쑤 출신 작가가 쓴 것이다. 역대 왕조의 문무 장원 중에서도 장쑤 출신이 큰 비중을 차지했다. 장쑤의 남자들은 외모가 여성스러우며 말소리가 부드럽고 행동이 신중하다. 그들 중에는 유명한 인재가 많다. 게다가 독특한 재능과 다부진 성격을 지녔다. 이들은 말로 논쟁하기를 즐긴다. 남자들 사이에서 논쟁은 누가 말을 더 잘하느냐를 겨루는 기회다. 평소의 부드러운 모습은 사라지고 상대를 말로 누르기 위해 한 치의 양보도 없이 상대가 무릎을 꿇어야 득의양양한 모습으로 물러난다.

양주 8괴(揚州八怪) 중 한 명인 정섭(鄭燮)
'양주 8괴'는 청조 옹정, 건륭 연간에 양주 지역에서 활약하던 여덟 명의 유명한 화가
금농(金農) · 황신(黃愼) · 정섭(鄭燮) · 이선(李鱓) · 이방응(李方膺) · 왕사신(汪士愼) · 고상
(高翔) · 나빙(羅聘)을 말한다.

다양한 매력의 미인이 많은 장쑤

장쑤는 예로부터 번화하고 미인이 많은 지역이다. 장쑤의 미인을 한 마디로 표현하자면 '부드러움'이다. 먼저 유명한 양저우(揚州) 미인부터 이야기해 보자. 양저우 여자들 앞에서 경제를 화제로 삼았다가는 속된 남자로 보이기 십상이다. 그녀들 앞에서는 역사와 문화, 미녀를 주제로 대화를 이어가야 한다. 역사서는 수(隋) 양제(煬帝)가 72명의 비와 미희들을 데리고 양저우에 경화(瓊花) 꽃을 보러 왔다가 이곳에서 죽는 바람에 그 많은 미녀들이 양저우에 남게 되었다고 전한다. 그 후예들이 지금

쑤저우의 하천변 주민
배를 타고 유유히 노를 젓는 쑤저우의 사공 아가씨. 쑤
저우에 가면 도처에 작은 다리와 배에 올라 이동하는
사람들이 보인다.

의 양저우 여인들이니 당연히 미녀일 수밖에 없다는 얘기다. 양저우 미
녀들은 언행이 바르고 단정하며 다른 지역 아가씨들이 따라올 수 없는
우아한 매력을 풍긴다. 난징도 미녀의 집결지에 속한다. 비록 양저우ㆍ
쑤저우보다는 못하지만 고운 얼굴에 청초하면서도 관능적인 아름다움이
깃들어 있다. 쑤저우 미녀는 가냘프고 부드러운 자태가 중국 전통 미녀
의 기준 그대로다. 우시(無錫) 여성은 전형적인 현모양처 스타일이다. 난
퉁(南通)의 여인들은 계란형 얼굴에 잡티 하나 없는 깨끗한 피부와 매끈
한 골격을 갖추었다. 안타깝게도 난퉁 여인들의 아름다움은 다른 지역에
비해 알려지지 않아 장쑤 미녀들을 언급할 때 빠뜨리고 지나가는 경우가
많다. 쉬저우(徐州)는 전형적 북방도시로 이곳 여성들 역시 북방인, 특히

산둥인의 기질을 갖추었다. 균형 잡힌 몸매와 시원스러운 성격을 지닌 쉬저우 아가씨들은 부드러운 편은 아니지만 장쑤 여인의 전통인 일편단심으로 한 남자를 섬기는 관념이 강하다.

북쪽보다 경제력이 앞서는 남쪽 지방

장쑤는 풍요로운 지역이지만 같은 장쑤라도 장강을 중심으로 북쪽과 남쪽으로 나눠지며 경제의 발전 정도에도 차이가 있다. 남쪽 지방은 교육을 중시하고 문화를 사랑하며 온화하다. 중부 지방은 작은 부에 만족하고 온유하며 평원과 물이 많고 세상 풍파에 관심이 없다. 북쪽 지방은 상대적으로 빈곤하지만 사람들은 호탕하고 한족 문화의 색채가 농후하다. 저장 사람들이 꼼꼼함과 모험심을 겸비하고, 산둥 사람이 인정이 많으면서 모험심이 있다면, 장쑤 사람들은 모험심보다 꼼꼼함을 더 갖췄다고 할 수 있다.

남쪽 지방은 면적이 북쪽의 3분의 1에 불과하지만 경제력은 훨씬 앞선다. 이 지방 사람들은 저장 사람과 공통점이 많아서 머리 회전이 빠르고 재테크와 장사에 능하며 문학적 재능도 출중한 편이다. 남쪽의 대표적인 도시 쑤저우 사람들은 세상 물정에 밝고 꼼꼼하나 지나치게 계산적

진회하(秦淮河)의 경치
진회하의 옛 이름은 회수(淮水)였다. 진시황 때 회수의
물을 성으로 끌어와 진회하라고 불렀다. 6조 시대에는
진회하와 부자묘 일대가 유난히 번창하여 귀족세가와
문인들이 살았다. 현재 진회하 일대는 명승고적과 숲,
화방, 시가지와 민속이 어우러져 정취가 풍긴다.

이고 몸을 사린다. 북쪽은 북방 지역과 인접해 있기 때문에 상대적으로
호방하고 활달한 북방인의 기질을 갖추었다. 그러나 경제가 뒤떨어져 있
어서 현재 이 지역의 경제를 어떻게 활성화할지가 화두다.

애향심에 호소하면 실패

장쑤 사람들은 신중하고 꼼꼼하여 쉽게 간파할 수가 없다. 똑똑하고
영리하면서도 음흉하고 복잡하여 자주 변한다. 또한 장쑤는 지역과 개인
에 따라 성격이 다르므로 그들과 교류하려면 이 점을 세심하게 고려해야
한다. 장쑤 사람들이 둥베이 사람처럼 어깨를 툭툭 치며 친구가 되는 모

난징의 고(古) 성벽
난징의 고 성벽은 명대에 남당 성벽을 기반으로 하여
확장한 것으로 길이 33.65km, 높이 14~22m이며 바
닥의 두께는 약 19m이다.

습은 상상하기 어렵다. 또 푸젠 사람들처럼 고향이 같다는 이유로 금방
반색하면서 친근감을 보이지도 않는다. 장쑤 사람들의 한 가지 공통점은
고향에 대한 애착이 없다는 것. 중국 사람들은 웬만하면 같은 고향이라
는 말만 들어도 싱글벙글하면서 친근감을 표시하지만 장쑤 사람들은
"고향이 어딥니까?", "장쑤인데요", "그렇군요" 하고는 그만이다. 대화를
더 이어가더라도 "장쑤 어디입니까?"라고 묻고 자기와 다른 도시에서 왔
다고 하면 "참 좋은 곳이지요" 하고는 끝낸다. 그래서 장쑤 사람의 애향
심에 호소하면 대부분 실패로 끝난다.

장쑤 사람과 관계 맺기

예로부터 풍요로운 고장으로 유명한 장쑤는 장삼각(長三角) 상업 경제 권까지 있어서 사업하기에 좋은 곳이다. 장쑤의 상인들은 경제에 밝고 박리다매로 자금을 빠르게 회전한다. 또한 문인과 지방 세도가들이 상업에 뛰어들어 장쑤 상인의 전체적인 수준이 높아졌다. 이 점은 장쑤 상인들을 다른 지역 상인들과 구별하는 중요한 특징이다.

장쑤 상인들은 장점을 보여주고 약점을 감추는 면이 있다. 그래서 이들과 거래할 때는 당신도 장점을 최대한 보여주고 약점을 보여주지 않아야 한다. 또한 장쑤 상인들은 한 번에 큰돈을 벌기보다는 안정을 추구한다. 그래서 성공 확률이 50퍼센트인 사업에는 손대지 않는다. 이런 사업 경향으로 말미암아 오늘날 크게 성공한 장쑤 상인들도 많다. 장쑤 상인

태호(太湖 : 타이후) 지역에서 발달한 어업

황도파(黃道婆)의 베 짜는 모습
황도파는 황파(黃婆)라고도 하며 송강 오니경(松江 烏
泥涇 : 오늘날 상하이 지역에 속함) 사람이다. 원정(元
貞) 연간에 중국에 방직 기술을 보급시켜 송강 일대의
면방직업과 중국 방직업 발달에 크게 기여했다.

들 중에서도 70퍼센트의 가능성이 있으면 대부분 사업에 참여한다. 따라서 이들과 비즈니스를 할 때는 이 특징을 파악하여 그들로부터 충분한 신뢰를 받아야 한다.

손님에게 예의 바르게 대하는 것은 장쑤 상인들의 원칙이며, 이것이 타지에서 큰돈을 벌 수 있었던 비결이기도 하다. 그러나 손님에게 예의를 지키는 것도 결국은 돈을 벌기 위한 목적에서 나온 것이다. 따라서 장쑤 상인들과 사업할 때는 그들의 친절을 배우되, 동시에 웃는 얼굴 뒤에 바가지 상혼이 있을 수도 있으니 이를 경계해야 한다.

저장
浙江

경영에 능한 기업가

저장 사람들은 다양한 성격이 섞여 있다. 허와 실이 같이 있는가 하면 부드러움과 격렬함을 같이 가지고 있다. 그들은 실리를 추구하며 말보다는 행동으로 보여준다. 비난에 대해 논쟁할 필요성을 못 느끼며 성과가 좋아도 내세우지 않는다. 저장 사람들은 둥베이 사람들처럼 대충 넘어가지도 않고 광둥 사람들처럼 지나치게 실질적이지도 않다. 경계가 모호한 저장 사람들의 특징은 성장 과정에서 다양한 품성으로 나타난다.

저장은 풍요로운 고장이지만 인구가 많고 지역이 좁다 보니 생존경쟁이 치열하다. 그래서 외지로 진출한 사람이 가장 많다. 특히 원저우 사람들은 온 세계를 무대로 살아가는 것으로 유명하다. 치열한 경쟁에서 저장 사람들은 생존 능력을 배웠으며 스스로 살아가는 방법을 배웠다. 이들은 먹고 살 수 있다면 시계 수리공, 구두닦이, 재단사 등 업종을 따지지 않고 뛰어들었다. 저장 사람들은 머리를 잘 쓰고 개인의 능력을 신뢰한다. 따라서 솜씨 좋은 장인 중에 저장 출신이 많으며, 수단을 써서 남을 속이는 사람 중에도 저장 출신이 많다. 하지만 저장 출신의 걸인은 거의 볼 수 없다.

저장 남부의 용등(龍燈)

저장의 용등은 역사가 길며 송(宋)대부터 민간에서 유행했다. 매년 음력 정월 초, 저장 남부 지역 사람들이 모두 형형색색의 종이와 색등을 사서 용등을 만드는 데 정월대보름을 전후하여 분위기가 최고조에 이른다.

상업의 영감이 충만한 빠른 물고기

저장 사람들의 자질은 첫째, 생각이 개방적이다. 저장 사람들은 개방적인 생각으로 생산 영역에서 소규모 산업을 발전시켰으며 유통 분야에서는 전문 시장을 개척하는 등 도처에 경제적 활력과 상업의 영감을 충만케 했다. 저장 사람들은 장사를 하고 돈을 버는 것을 가장 자랑스러운 일로 생각하고, 기술과 안목이 있고 경영에 능한 기업가를 길러냈다. 저장 사람 중 천만 명이 넘는 사람이 외지에 나가 일하고, 3백만 명이 전국 각지에서 기업 대표로 있다. 그러면서도 현재에 만족하지 않고 계속 발전을 추구하며 남이 가지 않은 길을 가고 혁신적인 자세로 임하여 전국

제일의 기업 풍토를 일구었다. 저장 사람들은 자연계에서는 큰 물고기가 작은 물고기를 잡아먹지만 빠른 물고기가 느린 물고기를 잡아먹는 현상도 존재한다고 주장한다. 그래서 시장에서도 '빠른 물고기' 이론을 도입해 빠르고 유연한 제품 개발·생산·판매 체제를 세웠다. 많은 기업들이 "3일 동안 샘플을 만들고, 7일이면 대량생산한다"라는 구호 아래 새로운 제품을 개발하고 있다.

둘째, 그들의 두뇌는 변화에 민감하다. 저장 사람들은 지혜로우며 상업적인 기회를 놓치지 않는다. 어떤 사람은 저장 사람들의 머리카락 한 올 한 올이 '안테나'라고 표현한다. 저장 상인들은 언제 어디서나 동서남북의 각종 수요를 파악하고 가격 조정, 박리다매, 치밀한 서비스 같은 유연한 경영 방식으로 대처한다.

셋째, 그들의 태도는 부지런하고 실질적이다. 저장 사람들은 무척 부지런하다. 그들은 다른 사람이 견딜 수 없다고 생각하는 고생도 마다하지 않으며 남들이 우습게 여기는 액수도 벌기 위해 노력한다. 많은 기업가들이 강인한 정신으로 기업을 일구는 과정에서 고생한 경험이 있다. 실질을 중시하는 그들의 태도는 다른 사람들이 지나치는 작은 상품에서 나타난다. 그들은 작은 아이템이라도 특색과 체계를 갖춘 특별한 상품으로 개발하여 소상품의 큰 시장을 형성했다.

넷째, 현대적 이념을 가지고 있다. 저장 사람들은 새로운 것을 받아들여 현대 경영 이념을 따른다. 다른 지역에서 경쟁이라는 옛날 방식을 고집하고 있을 때 원저우 기업가들은 분업 체제를 도입하여 누이 좋고 매부 좋은 윈윈전략을 실현했다. 최근에는 상품 품질 경쟁에서 벗어나 눈을 인재 경쟁으로 돌려 인재에 대한 투자를 가장 효율적이고 성과가 큰 투자 수단으로 보고 유연한 인재 도입 시스템을 운용하고 있다. 저장의 민영기업은 이미 다국적 시대에 접어들었다. 이들은 해외에 진출하여 지사나 가공 기지를 건설하며 국내외의 통합을 실현했다.

무서울 정도로 시장 공략에 능한 원저우 상인

저장 동쪽에 위치한 원저우(溫州)는 상업의 역사와 전통이 깊다. 원저우 상인들은 특유의 창업 스타일과 경영 수단으로 전국에 분포되어 있다. 처음에는 수공업을 생계의 수단으로 삼았다. 이를 테면 이발소, 신발 수선, 재봉 같은 작은 업종으로 시작했는데 여러 지역을 왔다 갔다 하다 보니 각 지역마다 정부의 지원 정책을 배경으로 새로운 상가와 상품의 집산지가 개발되는 것을 알게 되었다. 원저우 상인들은 흩어져 있던 힘을 모아 입찰에 응모했고, 어떻게 해서든 반드시 입찰을 따냈다. 이렇게 해서 전국의 많은 도시에는 원저우 사람들이 경영하는 상가들이 수두룩

비단 짜는 모습(부분)
저장의 비단 짜기 역사는 오래되었다. 항저우는 비단의 고장으로 불린다. 이 고장은 비단 생산으로 번영을 이루었으며 현재 백여 개의 국가와 지역에 비단 제품을 수출한다.

해졌다. 한 기업이 전국 각지에 분점이나 판매 지사를 내서 원저우 상인의 경영 방식을 전파하기도 했다. 현재 브라질 · 남아프리카 · 유럽 · 미주에는 새로운 원저우 상인의 판매 거점이 출현했다.

원저우 상인들은 '병력'을 집중하여 한 지역을 공략한 후 원저우에서 온 상인들로 '진지'를 구축해 단단히 수비한 뒤 시장이 쇠퇴하기 전까지는 절대로 후퇴하지 않는다. '운동전'과 '진지 구축전'의 절묘한 조합이 그들의 성공 비결이다. 원저우 출신 기업가들은 젊고 머리가 잘 돌아가며 시장의 포지셔닝(positioning)을 정확히 하고, 한 가지 아이템만을 고집하지 않는다. 시장 전망이 좋고 이익을 볼 수 있다고 확신하면 지체 없이 투자한다. 이윤만 보장된다면 투자 못할 영역은 없다. 패션 산업에서부터 부동산 영역까지 이들의 손길이 미치지 않는 곳이 없다. 원저우 사람들의 시장 점령 속도는 혀를 내두를 정도다. 첫날 정보를 알아내고 바로 다음날 오더를 내는 식이다.

원저우의 우마제(五馬街, 오마가)
원저우 중심가의 우마제 상업 지구는 쇼핑·음식·금
융·문화·오락을 결합한 곳으로, 오늘날 원저우 시민
들에게 가장 사랑 받는 장소다.

저장 사람과 관계 맺기

저장 사람들에게는 다양한 성격이 섞여 있다. 허와 실이 같이 있는가
하면 부드러움과 격렬함도 겸비하고 있다. 그들은 실리를 추구하며 말보
다는 행동으로 보여준다. 비난에 대해 논쟁할 필요성을 못 느끼며 성과
가 좋아도 내세우지 않는다. 저장 사람들은 둥베이 사람들처럼 대충 넘
어가지도 않고 광둥 사람들처럼 지나치게 실질적이지도 않다. 경계가 모
호한 저장 사람들의 특징은 자신의 성장 과정에서 다양한 품성으로 나타

난다. 그중 가장 중요한 것이 치밀함과 확실함이다. 저장 사람과 교류할 때는 절대로 잔꾀를 부려서는 안 된다. 그들은 너무 똑똑해서 웬만한 전략은 통하지 않는다. 특히 사업에서는 자칫하다가 오히려 제 꾀에 넘어가는 꼴이 되고 만다.

"군자 간의 우정은 담담하기가 물과 같다"라는 옛 말이 있다. 그러나 저장 사람들은 이 말에 동의하지 않는다. 친하게 지내는 두 집안이 있는데 한 집에 경사가 있다면 다른 한 집에서 당연히 선물을 두둑하게 보내 축하해야 하며, 그렇지 않으면 진정한 친분이 아니라고 여긴다. 그만큼 대인관계에서 호혜적인 왕래를 중요시한다. 손해 보는 장사는 결코 하지 않으며 이익이 되지 않는 친구는 사귀지 않는 데서 저장 사람의 치밀함이 드러난다. 그러나 당신이 일단 그와 친구가 되면 위급할 때 주저하지 않고 도움의 손길을 내밀 것이다. 단, 장차 당신도 그에게 도움의 손길을 내밀어야 한다는 사실을 잊지 말라.

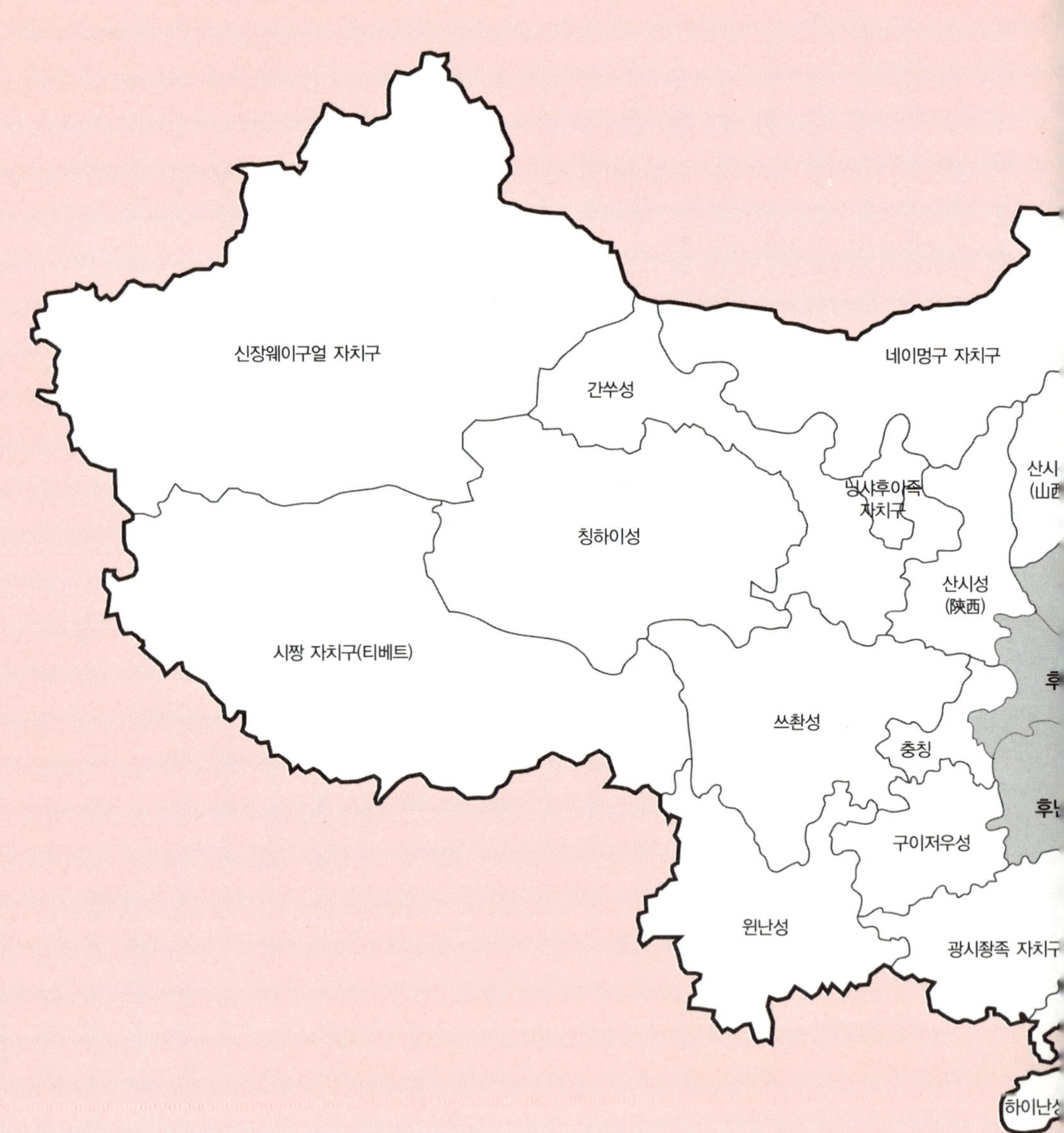

신장웨이구얼 자치구
네이멍구 자치구
간쑤성
산시
(山西
칭하이성
닝샤후이족
자치구
산시성
(陝西)
시짱 자치구(티베트)
후
쓰촨성
충칭
후난
구이저우성
윈난성
광시좡족 자치구
하이난성

화중 지방
華中

후베이

湖北

『삼국지』의 무대

'구두조(九頭鳥)'라는 별명으로 유명한 후베이 사람들은 음흉하고 교활하다는 인상을 주기 쉬우며 가까이 지내면 골탕 먹을 일이 많을 것이라는 오해도 종종 산다. 그러나 후베이 사람들은 북방인의 솔직함도 겸비했다. 둥베이 사람들처럼 대범하고 선량하다. 후베이 사람들과 교류할 때는 둥베이 사람들을 대할 때처럼 큰 잔에 술을 마시고 음식도 시원시원하게 먹어야 한다.

후베이성이 위치한 지역과 기후는 사람들의 성격에 큰 영향을 미쳤다. 덥기로 유명한 후베이성의 성도 우한(武漢)의 더위는 다른 지역과 그 정도가 다르다. 신장 투루판 지역은 마치 불에 달군 철판처럼 뜨거운 날씨라도 그늘에만 들어가면 언제 그랬냐는 듯 금방 땀이 식는다. 우한은 마치 사우나에 들어가 있는 것처럼 무덥기 때문에 답답할 수 있다. 그래서 후베이성 사람들은 성미가 조급하고 무슨 일이나 용두사미로 처리한다. 후베이, 특히 우한 일대 사람들은 외향적이며 걸핏하면 화를 낸다. 감정을 좀처럼 얼굴에 드러내지 않는 남방 사람들과 매우 대조되는 특징이다. 이들은 욕설을 입에 달고 산다. 그렇지만 별 뜻 없이 습관적으로 쓴다고 보면 된다. "싸우지 않으면 친구가 되지 않는

우한 장강대교(長江大橋)
1967년에 준공된 우한 장강대교는 경한철로(京漢鐵路), 오한철로(粤漢鐵路)로 하여금 남북을 관통하는 대동맥이다. 마오쩌둥은 "다리 하나가 남북을 가로지르며 험준한 양쯔강이 큰 길로 변했다"라며 감탄했다.

다"는 속담도 있듯이, 후베이 사람들은 빙빙 돌려 말하는 것보다는 통쾌하게 한바탕 욕을 해주는 것이 낫다고 생각한다.

변신에 능한 구두조(九頭鳥)

외지 사람들은 후베이 사람들을 '구두조(九頭鳥)', 즉 머리가 아홉 개 달린 새라고 부르며 그들의 교활함을 비웃는다. 그만큼 후베이 사람들의 이미지는 부정적이다. 머리가 아홉 개 달린 새와 관련해서는 두 가지 이야기가 전해진다.

그중 하나는 명나라 재상 장거정(張居正)이 지방 관리의 부패를 척결하기 위해 후베이와 후난 지역 출신으로 아홉 명의 감찰어사를 선발해 전국 각지를 돌며 실상을 조사하도록 한 이야기다. 이때 백성들이 "하늘에는 구두조가 있고 땅에는 후베이 사나이가 활약한다"라는 말로 후베이 사람들의 능력을 칭찬했다. 또 하나는 원나라 말기에 유기(劉基)라는 유명한 군사가가 『욱리자(郁離子)』라는 책에 소개한 이야기다. 즉, 머리가 아홉 개 달린 새에게 먹이를 주려고 했는데 먹을 수 있는 입은 하나뿐이었다. 아홉 개의 머리는 서로 자기가 먹겠다고 다투다가 상처만 입게 되었다. 사실 새의 어떤 머리에 달린 입으로 먹어도 뱃속으로 들어가는 것은 똑같은데 이것을 모르고 싸운 것이다. 유기는 이 이야기를 빌려 후

우한시 장하(江夏)구 묘산(廟山) 봉황대(鳳凰臺)의 '구두조' 조형물

베이의 농민 봉기를 구두조에 비유하여 서로 내분만 일으키는 행위를 꼬집었던 것이다. 그 후 구두조는 내분을 일삼는다는 의미를 갖게 되었다.

혹자는 이 두 가지 이야기를 연결하여 후베이 사람들이 첫 번째 이야기처럼 총명하고 능력 있으며, 동시에 두 번째 이야기에서처럼 내분을 잘 일으킨다고 분석했다. 따라서 '구두조'라는 칭호는 좋은 뜻을 가진 것은 아니지만 나쁜 뜻만 가진 것도 아니다. 『삼국지』의 주요 무대가 후베이라는 점을 감안해서 역사의 흥망성쇠에 따라 권모술수를 잘 쓰고 자주 변하는 성격이 형성되었다는 주장도 있다. 후베이 사람들은 교활함을 상징하는 '구두조'라는 호칭에 별로 개의치 않는 눈치다. 심지어 '구두조'를 식당 상호로 쓰기도 하는데, 여기서 파생한 '구두봉(九頭鳳 : 머리 아홉 개 달린 봉황)'이나 '구두응(九頭鷹 : 머리 아홉 개 달린 매─옮긴이)'이라는 상호도 있을 정도다.

후베이 사람들은 총명하고 변화에 유연하게 대처한다. 후베이는 전국 시대 때 같은 초(楚)나라 땅에 속했던 후난과 더불어 매운 음식을 즐기며 도전 정신이 강하다. 그러나 후베이 사람들이 후난 사람들과 다른 점은 무당산(武當山) 도가(道家) 사상의 영향을 받아 소탈하고 대세를 따른다는 점이다. '구두조'와 '노새(후난 사람들을 가리키는 말)'의 차이인데, '노새'는 맞든지 틀리든지에 관계없이 한번 했다 하면 끝을 보는 완고함이 있지만 '구두조'는 지혜를 발휘하여 방향을 바꿀 수 있다는 점이 다

우창(武昌, 무창) 봉기가 승리한 후 혁명군이 시가지를 행진하고 있다.

르다.

이런 까닭에 후베이의 우한 사람들은 시장 감각은 원저우 사람이나 유태인에 결코 뒤지지 않는다. 변신에 능하다는 것은 보수적인 생각에 얽매이지 않고 혁신적이라는 의미다. 그러나 후베이 상인들은 너무 자주 바뀌기 때문에 한 가지 아이템을 오래 지속하지 않고 용두사미로 끝나는 경우가 많다. 이들은 원저우 상인들처럼 싸구려 라이터 하나로 시작해 가내 수공업형 공장의 형태로 사업을 이어가므로 대기업으로 잘 성장하지 못한다.

패션 감각이 뛰어난 후베이 여성들

후베이는 자고로 미인의 고장으로 왕소군(王昭君)이 대표적이다. 우한 여성들은 아름답고 분위기가 있다. 후베이 여성이 모두 미녀라고 할 수는 없지만 오래 볼수록 질리지 않는 얼굴이다. 생긴 것은 북방 여인들보다 못하지만 가꿀 줄 알고 패션 감각이 있다. 우한에서 세련되게 차려입

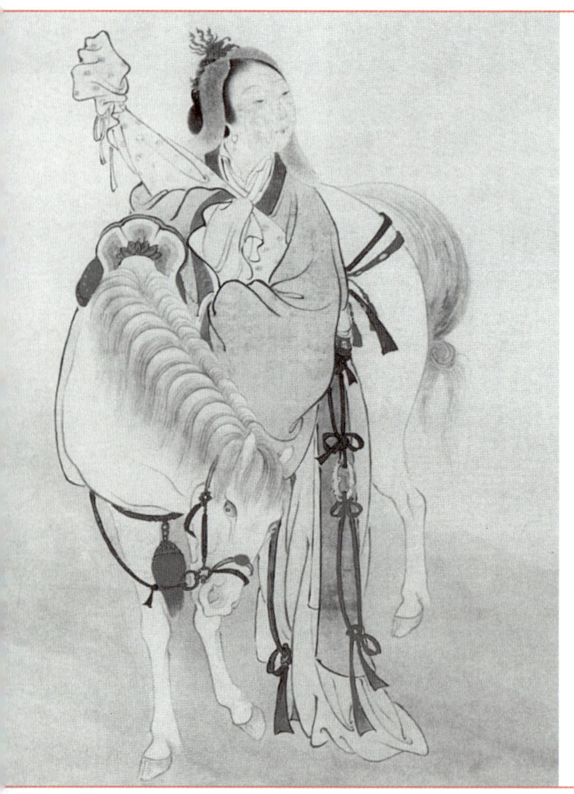

왕소군(王昭君)
왕소군은 기원전 52년에 오늘날의 후베이성 싱산(興山)현 샤오쥔(昭君)촌에서 태어났다. 기원전 36년 한(漢) 원제(元帝) 때 후궁으로 입궁한 왕소군은 기원전 33년 친화 정책을 위해 북방 흉노의 우두머리 호한야선우(呼韓邪單于)에게 출가했다.

은 여인의 옷을 자세히 들여다보면 고급스러워 보이던 옷이 실은 '시장표' 싸구려 물건임을 알 수 있다. 아무리 화려한 색이라도 잘 어울리게 소화해내는 것이다. 색을 맞춘답시고 온 몸을 무채색으로만 두르는 일부 지역 여성들과는 다르다. 후베이 여성들의 피부는 희고 부드러우며 여자들의 얼굴 크기는 북방 여인보다 작아서 오목조목하다. 미모보다 돋보이는 것은 가정적인 성격이다. 그녀들은 대외적으로 남편을 가정의 대들보로 받든다. 실은 자기가 진정한 가정의 기둥이지만 남편의 기를 살려주는 것이다. 강인하면서도 남편을 격려할 줄 아는 후베이 여인과 결혼하는 남자는 복을 넝쿨째 얻는 셈이다.

대인관계가 좋은 사람이 으뜸

'구두조'라는 별명으로 유명한 후베이 사람들은 음흉하고 교활하다는 인상을 주기 쉬우며 가까이 지내면 골탕 먹을 일이 많을 것이라는 오해도 종종 산다. 그러나 후베이 사람들은 북방인의 솔직함도 겸비했다. 둥베이 사람들처럼 대범하고 선량하다. 후베이 사람들과 교류할 때는 둥베이 사람들을 대할 때처럼 큰 잔에 술을 마시고 음식도 시원시원하게 먹어야 한다. 후베이 사람들, 특히 우한 사람들은 성미가 조급하다. 후베이 사람들과 교류하려면 허풍을 치거나 거짓말을 하지 않으면 된다. 사실 이 정도야 어려운 주문이 아니며 서로 성격만 맞으면 그만이다. 좀 더 생각한다면 의리를 지키고 배반하지 않아야 한다. 특히 후베이 사람들도 북방 사람들과 마찬가지로 체면을 중시하기 때문에 그들의 체면을 살려주면 당신에게 친절하게 대해줄 뿐 아니라 아낌없이 모든 것을 줄 것이다. 상대를 존중하지 않으면 당신도 존중 받을 수 없음을 명심하라. 후베이 사람들은 대인관계에 굉장히 신경을 쓴다. 그래서 "베이징에서는 관청에 있는 사람의 말을 듣고, 광둥에서는 돈 있는 사람의 말을 들으며, 후베이에서는 대인관계가 제일 좋은 사람의 말을 들으면 된다"라는 말이 있을 정도다.

후베이 사람과 관계 맺기

후베이는 중국의 동서남북이 교차하는 중심에 있으며 우한은 후베이의 중심에 위치한다. 그래서 사업하는 사람도 많다. '구두조'라는 호칭에서도 드러나듯이 후베이 사람들은 교활하고 기회만 있으면 사람을 속이려 한다는 이미지로 굳어졌다. 그러나 설사 그렇다고 해도 잔머리를 쓸 뿐이며, 그것도 긴 안목으로 내다보는 전략이 아니라 즉흥적인 것이 대부분이니 크게 걱정할 것은 없다. 후베이 사람들은 항상 새로운 아이

양쯔강의 고기잡이
양쯔강을 삶의 터전으로 살아가는 후베이 사람들은 천
혜의 경제적 자원을 보유했다.

템을 만들어 변화에 잘 적응한다. 그들은 인정과 체면에 약하며 명예를 중요하게 생각한다. 그래서 사업을 할 때도 양측 거래 당사자 모두의 체면을 고려한다. 상대가 자기 체면을 깎았다면 아무리 성공이 보장된 사업도 과감하게 협력을 포기한다. 그러므로 후베이 사람들과 사업할 때는 반드시 그들의 체면을 지켜줘야 한다.

후베이 사람들은 지는 것을 싫어한다. 이런 심리를 파악해서 그 재능을 비즈니스에 충분히 발휘하도록 하여 유리하게 만들 수 있다. 반대로 그들의 경쟁 심리를 잘 파악해 적당할 때 물러날 줄도 알아야 한다. 후베이 시장에 진입할 때는 명품 브랜드로 공략해야 한다. 또한 늘 새로운 아이템을 업데이트해야 한다. 단, 밀수품이나 위조 상품에도 주의해야 한다.

후난
湖南

화끈한 후난 고추

후난 사람들은 고추를 즐겨 먹는다. 이러한 개성은 친구를 대할 때 더욱 두드러져서 화끈하고 진실하며 쉽게 친숙해진다. 감정 표현이 분명한 후난 사람들은 친구에게도 포근한 봄 날씨처럼 따뜻하고 순수하게 대한다. 그러므로 후난 사람과 친구가 되려면 이쪽에서도 순수함을 보여주어야 한다.

후난 사람의 특징을 한 마디로 말한다면 '고추'를
닮았다고 할 수 있다. 고추가 중국에 들어온 것은 3백여 년밖에 되지 않
았다. 역사서는 고추가 명나라 말기에 해상운송을 통해 페루와 멕시코에
서 중국에 들어왔다고 기록하고 있다. 고추를 즐겨 먹는 지역은 쓰촨
성·허난성·윈난성·구이저우성이다. 고추는 여름에는 습기를 물리치
고 겨울에는 한기를 가시게 해주는 기능이 있어 이들 지역에서 널리 재
배되었다. 후난 고추는 불타는 듯 붉은색에 작고 뾰족한 형태가 마치 어
린 새싹처럼 생겼다. 강렬한 매운 맛과 자극은 가히 타의 추종을 불허한
다. 보통 가정에서는 국 하나를 끓여도 고추를 듬뿍 집어넣는데 국자를
휘휘 젓다 보면 고추 부딪히는 소리가 요란하다. 주방에서 음식을 만드

느라 고추의 매운 기운이 온 집안에 퍼져 마치 최루탄이라도 뿌린 듯 매 캐하다. 후난 사람들은 이를 즐기며 한 끼라도 고추가 없으면 음식 맛이 안 난다고 한다. 매년 고추 수확철이 오면 후난 지방에서는 집집마다 창 틀이나 문틀, 처마 밑에 고추를 매달아놓고 말리는데 그 모습이 마치 폭 죽을 걸어놓은 듯 장관을 연출한다. 고추 빻은 것에 생강·소금·마늘· 두반장·참기름을 버무려 항아리에 넣어두면 신선하고 고소하면서도 매 운 소스가 된다. 바쁜 후난 사람들은 반찬을 만들 시간이 없으면 고추소 스를 맨밥에 얹어서 먹는데 그 맛이 일품이다. 고추는 후난 음식의 상징 이며 후난 사람의 개성이기도 하다. 이들의 화끈한 성격도 고추를 즐겨 먹는 데서 기인한 것 같다. 대표적인 후난 출신 정치가 마오쩌둥(毛澤東) 은 "고추를 먹지 않으면 혁명을 할 수 없다"라는 명언을 남겼다. 왕리(王 力)라는 문화학자가 이 말에 근거하여 고추의 매운 성질과 후난 사람들 의 관계를 증명하고 고추의 화끈한 맛으로 인해 후난 사람들이 혁명에 열광한다는 재미있는 분석을 내놓았다. 다소 억지스러워 보여도 나름 일 리가 있는 말이다. 어릴 때부터 매운 것을 두려워하지 않는 후난 사람들 의 풍습에는 어떤 것도 두려워하지 않는 치열한 정신이 있으며, 이런 기 질이 몇 백 년 동안 후난의 영재들을 길러낸 것이다.

마오쩌둥의 출생지 후난성 샹탄(湘潭)현 소산(韶山 : 사오산)

악록서원(岳麓書院)의 정문
악록서원은 북송 때 지어졌다. 남송의 이학가 주희가 이 곳에서 학문을 가르쳤으며 제자가 많았다. 한때 소상수사(瀟湘洙泗)라는 이름으로 불렸다.

완고한 후난의 노새, 후난 남성

후난 남성들은 솔직하고 불같은 패기가 있으며 좋고 싫음이 분명하다. 이는 중국인의 전통적인 성격과 구별된다. 후난 사람은 순박하면서 싸움을 잘한다. 중국 속담에 "강서의 늙은 처, 후난의 노새(江西老妻, 湖南騾子)"라 하여 후난 남자를 노새에 비유하는 말이 있다. 왜 하필이면 노새에 비유했을까? 그 이유는 후난 사람들의 피에는 완고함이라는 유전자가 있기 때문이다. 그래서 여간해서는 길들이기 어려우며 상사의 명령이나 강경한 수단으로는 다스리기가 고약하다. 그들이 마음으로부터 기꺼이 승복하면 모를까, 그렇지 않으면 영 골치 아픈 상대다. 후난 사람들은 처음에는 눈에 띄지 않지만 시간이 가면서 발군의 실력을 보여준다. 그 이유는 자신이 상대를 인정하고 난 후에는 어떤 고생도 감수하기 때문이다.

후난 사람들은 존엄성을 매우 중요시한다. 자신의 존엄성을 다치지 않기 위해서라면 어떠한 행동도 불사한다. 크게 보면 국가와 민족의 존엄을 지키기 위해 기꺼이 자기 한 몸 바치는 각오로 나타난다. 역사적으로도 자기 고장이나 국가가 화를 당할 어려움에 처하면 나서서 물리쳤다. 후난 남자들의 호전성은 경쟁의식으로 나타나 누구와 겨뤄도 질 수 없다는 기백과 용기를 보여주기도 한다. 후난 사람끼리 경쟁을 붙여놓으면

명나라 문휘명(文徵明)의 이상도(二湘圖)

순(舜)의 정비가 된 아황(娥皇)과 둘째 비가 된 여영(女英). 순 임금이 남쪽으로 사냥을 갔다가 세상을 떠나자 두 비는 슬퍼하다 강에 빠져 무늬 있는 대나무가 되었다. 훗날 사람들은 그들을 동정산(洞庭山)에 장사 지내주고 상수(湘水)의 신으로 받들었다.

지기 싫어하는 성격 때문에 좀처럼 승부가 나지 않는다.

후난 사람들이 싸움에 능한 이면에는 그들의 지혜가 있다. 각 지역 남자들의 싸우는 모습을 비교한 우스갯소리가 있다. 둥베이의 헤이룽장성(黑龍江省) 남자들은 말다툼으로 시작해서 싸울수록 그 정도가 심해져 "퍽퍽!" 소리가 나도록 때리고 싸운다. 산둥 사람들은 먼저 싸우고 나중에 말다툼을 한다. 마음에 들지 않으면 무조건 상대를 두들겨 패서 병원에 실려가게 한 다음 시시비비를 가린다. 쓰촨 사람들은 말다툼이 몸싸움으로 번지는 일은 드물다. 말싸움에 핏대를 높이고 욕설이 난무하지만 주먹을 부르르 떨 뿐 감히 상대를 때릴 생각은 못한다. 후난 사람들은 때리면서 싸운다. 주먹은 주먹대로 바쁘고 입도 쉬지 않는다. 이런 모습은 후난 사람들의 성격을 여실히 드러내준다. 목숨 걸고 단호하게 맞서는 정신이야말로 용감하다는 말로 표현해야 한다. 그러나 이들에게는 막무가내의 용감함이 아닌 지혜가 엿보인다.

남편에게 힘을 실어주는 현모양처

후난 여성들은 아름답다. 혹자는 후난 여성의 미모가 북방 여성에 못 미치고, 상하이 여성보다 세련되지 못하며, 저장 아가씨들보다 우아하지 않다고 하지만, 그래도 후난 여성들은 아름답다. 그녀들의 아름다움은 꾸미지 않는 소박한 아름다움이며, 건강하고 활발한 아름다움이다. 후난은 물이 좋기로 유명한 고장이라 여성들의 피부가 고운 것은 말할 것도 없다. 무엇보다 후난 아가씨들의 미모를 돋보이게 하는 것은 그녀들의 영롱한 눈빛이다. 눈은 마음의 창이라는 말을 증명이라도 하듯 후난 여인의 눈동자를 보고 있노라면 마치 무언가를 말하고 있는 듯한 착각에 빠진다.

후난 여인들은 속되지 않게 자신을 꾸밀 줄 알며 몸매는 하나같이 날씬하다. 이렇게 아름다운 후난 여인들이 스스로 자랑스럽게 내세우는 미덕이 있으니, 그것은 정이 많다는 것. 후난 여성들의 정 많은 성품은 전국적으로 유명하다. 하지만 그녀들은 정을 남발하지 않고 꼭 주어야 할 곳에 깊은 정을 준다. 병적인 집착도 아니고 거짓된 부드러움도 아닌, 생활과 직결되는 정이면서 삶의 본질에 가까운 정이다. 마음에 맞는 사람과 평생을 같이할 수 있다면 그녀들은 상상을 초월할 깊은 정을 행동으로 보여주어 사람을 감동시킨다. 후난 여인을 평생의 반려자로 삼는 남성은 마음고생을 하지 않고 가장 큰 행복을 누리게 될 행운아다. 후난 여인들은 남편이 고생하는 것을 차마 볼 수 없어 자기가 희생해서라도 남편을 편안하게 해준다. 항상 행복한 얼굴로 대하며 남편을 받드는 모습에 감격하지 않을 남자가 있을까! 그녀들은 남편의 체면을 살려주고 언

후난 지역의 특산물 자수제품

제나 남편에게 힘을 실어주며 기운이 나게 격려하는 현모양처다. 그녀들은 자신을 돌볼 줄 알고 남도 잘 돌본다. 특히 집안 식구에게 잘한다. 호화로운 생활을 꿈꾸지 않는 후난 여인들은 결혼할 때도 남편이 진심으로 대해주기만 하면 다이아몬드 반지나 금 목걸이도 마다하며 행복해한다.

단체 생활에 최고인 그들의 성격

후난 사람들은 고추를 즐겨 먹는다. 이러한 개성은 친구를 대할 때 더욱 두드러져서 화끈하고 진실하며 쉽게 친숙해진다. 감정 표현이 분명한 후난 사람들은 친구에게도 포근한 봄 날씨처럼 따뜻하고 순수하게 대한

용주(龍舟) 축제

후난 지역의 용주 축제는 그 기원이 전국시대 후반으로 거슬러 올라간다. 『형초세시기(荊楚歲時記)』에 따르면 5월 5일에는 돌을 안고 멱라수(汨羅水)에 뛰어든 굴원(屈原)을 기리기 위해 강에서 용주(龍舟)를 저으며 그를 추모했다고 한다.

다. 그러므로 후난 사람과 친구가 되려면 이쪽에서도 순수함을 보여주어야 한다. 후난 사람의 성격은 단체 생활에서도 드러난다. 그들은 자신들이 속한 집단을 특별히 신뢰하고 의지하며 동료들과도 긴밀하게 지내는 등 강한 소속감을 나타낸다. 특히 믿고 따를 만한 지도자가 있을 때는 지도력 아래 뛰어난 단결력을 보여준다. 또한 후난 사람들은 중국의 다른 어느 지역 사람들보다 애향심이 강하고 고향 사람과의 응집력이 대단해서 집단을 통해 자아의 정체성을 확립한다.

의리를 중시하는 후난 사람은 크게는 국가에서 작게는 친구에 이르기까지 모든 것을 바치는 희생정신을 보여준다. 이런 후난 사람과 친구로 지내면 매우 행복하다. 그러나 후난 사람들은 유머 감각이 부족해서 미소조차 인색할 정도다. 먼저 그 습성을 이해해야 그들과 진정한 친구가 될 수 있다.

후난 사람과 관계 맺기

사업 파트너만 아니라면 후난 사람들과는 무엇을 해도 좋다. 이들은 정치에 대한 열기가 누구 못지않으면서도 경제에 대한 관심은 의외로 적다. 후난 사람들은 장사나 사업을 꺼리며 정계나 문화계에 진출하기만을 바란다. 그래서 후난 출신의 사업가는 손에 꼽을 정도로 적으며 대부분 경제에 약하다. 후난 출신의 인재는 정치가, 군사가, 문화 예술 종사자 중에는 많아도 자본가나 공업 분야 종사자는 적다. 소농 의식이 뿌리 깊게 자리 잡고 있으며 학문을 숭상하고 이익보다는 의리를 중시하는 이들의 가치관 때문이다. 그래서 저장의 공장 노동자가 돈을 벌기 위해 타지에 나가는 것을 당연하게 여기며 파리에서 이탈리아, 스페인에 이르는 전 유럽에 원저우 상인이 깔린 반면에 후난 사람들은 현실에 만족하면서 여전히 관리가 될 꿈을 꾸고 있다. 이 점은 허난 사람들과도 비슷하다.

800리 동정호(洞庭湖)
동정호는 후난 북부 지방에 있는 중국에서 두 번째로
큰 담수호로 면적이 2,800km²나 된다. 오랜 세월을 거
쳐 지금은 크고 작은 여러 개의 호수로 나누어져 있다.

그러나 후난 사람들은 주어진 일에 충실하고 타고난 재주가 많아 일단 시장에 투입되기만 하면 큰 성과를 거둔다. 후난 사람들이 파는 상품의 품질은 믿어도 된다. 따라서 많은 양을 구매해도 문제가 생기지 않는다. 혹시 문제가 생기더라도 언제든지 반품도 받아주고 그에 따른 손해도 보상해준다. 후난 제품은 품질이 좋고 가짜가 없으며 가격 또한 비싸지 않다. 이들은 박리다매 전략으로 자금 회전을 빠르게 한다. 후난 사람들과 비즈니스를 할 때는 불합리한 점이 있으면 과감하게 거절하거나 시정을 요구해야 한다. 혹시라도 성질 급한 상대를 만나면 미리 준비를 철저히 해가야 한다. 자칫하다가는 그들의 빠른 속도를 쫓아가지 못할 수도 있다. 사업이 사업이니 만큼 안전을 기하면서 효율을 추구해야 한다. 한번 정한 사항을 번복해서는 안 되며 처음부터 확실히 정해야 한다.

허난
河南

참을 '인(忍)'이 미덕인 사람들

허난 사람들은 도덕심과 지혜로 무장하고 있다. 이들은 대인관계에서도 고집을 부리지 않고 사리 분별을 잘하며 유연하게 대처한다. 이런 것은 그들의 도덕심에서 나온 것들이며 역사를 통해 형성된 것이다. 그들의 유연성은 대충대충 원칙 없이 넘어가는 것과는 다르며 '인정'과 '도리'의 균형점을 찾는 유교의 '중용'에 입각한 행동이다.

허난이 속한 중원 지역은 농업을 중시했기에 부지런한 사회적 분위기가 일찍부터 형성되었다. 허난 사람들은 자린고비라는 말을 들을 정도로 근검절약이 몸에 배어 있다. 집에 돈을 쌓아놓고도 누릴 줄을 몰라 초라한 생활을 이어나간다. 오늘날의 허난은 여전히 농업이 주를 이루고 있으며 농민이 많다. 허난은 경제가 뒤떨어지고 교통이 불편한 지역과 오지가 많아서 농민들은 황토와 하늘만 바라보는 단조로운 농경 생활에 젖어 있다. 땅에 기대어 살아가다 보니 부지런한 생활을 할 수밖에 없다. 허난의 대표적인 지방극 예극(豫劇)은 투박하고 순수한 허난 사람들의 모습을 투영하고 있다.

허난 사람들은 도덕심과 지혜로 무장되어 있다. 이들은 대인관계에서

허난의 전통 예극 〈홍냥(紅娘)〉

도 고집을 부리지 않고 사리분별을 잘하며 유연하게 대처한다. 이런 것은 그들의 도덕심에서 나온 것들이며 역사를 통해 형성된 것이다. 이런 유연성은 사람들이 말하는 대충대충 원칙 없이 넘어가는 것과는 다르며 '인정'과 '도리'의 균형점을 찾는 유교의 '중용'에 입각한 행동이다.

허난에는 집집마다 참을 '인(忍)'이라고 쓰여 있는 큼지막한 액자가 걸려 있다. 참는 것은 그들의 미덕이며 살아가면서 반드시 지켜야 할 규

허난 마제(馬街)의 서회(書會)
책에 대해 이야기하고(說書) 책의 내용을 듣거나 서예를
하는 것은 허난 사람들의 전통이다. 음력 5월 13일은
허난 바오펑(寶豊)현의 마제 축제다. 매년 이날 각지의
책 이야기꾼들이 먼 길을 마다 않고 달려오며 금(琴)이
나 북 같은 악기 연주자들도 모여든다.

칙이다. 참지 못하는 자는 양보하지도 않으며, 참지 못하는 자에게는 관
용을 베푸는 마음도 없다고 여긴다. 이와 같은 잣대는 상대가 군자인지
아닌지를 평가할 때도 적용된다. 허난에서는 사소한 일로 얼굴을 붉히는
장면을 거의 볼 수 없다. 시내버스에서 부주의로 옆 사람의 발을 밟거나
팔꿈치로 몸을 쳤다고 해서 불평하거나 싸움이 벌어지는 일은 없다. 다
른 사람 대신 초과 근무를 해주고 근무수당을 챙기지 않는 것은 예사이
며 공을 세우고도 다른 사람에게 양보하는 일이 허다하다. 지세가 평탄
한 황하 유역에서 옹기종기 촌락을 이루어 살아온 이들은 이웃과 더불어
살아가는 사회성을 길렀고 그 속에서 책임과 의무를 다한다. 또한 자신
의 희생이 이웃과 집안 식구들의 이익으로 돌아가는 것을 당연하게 생각
했다. 참을 인(忍)과 관련된 미담은 허난 지역에서 자주 등장하는 주제다.

취중진담을 나눠야 진정한 친구

평생 동안 허난에서 술을 마셔본 경험이 한 번도 없다면 정말 애석한 일이다. 허난 사람들의 떠들썩한 손님 접대는 유명하다. 그들은 최대한 정중하게 잔을 들고 손님에게 첫 잔을 권한다. 첫 잔을 다 마시면 두 번째, 세 번째 잔을 연거푸 따라준다. 술 석 잔을 마셨으니 이제 됐다고 여기면 큰 오산이다. 손님이 석 잔을 다 마신 다음에도 이들은 술잔마다 갖가지 이유를 대면서 연방 술을 권한다. 그러다 보니 손님은 향기로운 술에 몸을 가누지 못할 정도로 취하기 일쑤다. 하지만 허난 사람들은 함께 술을 마셨다고 해서 누구나 친구가 된다고는 생각하지 않는다. 그보다는 술에 취해 속에 담은 말을 토해내야 진정한 친구로 여긴다.

사실 그들의 이미지는 그동안 각종 매체와 대중으로부터 심하게 왜곡되어 허난 사람은 기피해야 할 대상 1호였다. 그러나 허난 사람들에게는 북방인의 솔직함과 열정이 있다. 허난 지역을 여행하다 보면 이곳 사람들의 적극적이고 소박한 친절함을 단박에 알아챌 수 있다. 그들은 여행객에게 조금이라도 도움이 되고자 어디를 어떻게 갈지, 무엇을 구경해야 좋을지를 상세하게 가르쳐줄 것이다. 허난 사람들에게는 이해와 관용의 태도가 배어 있어 상대를 위해 배려할 줄 알고 화를 내지 않으며 당신이 어려운 일을 당하면 두말하지 않고 해결해준다.

그러나 허난 사람들에게도 단점은 있다. 중원 문화의 영향을 받은 그
들은 친화력이 부족하여, 깊이 있게 사귀기 힘든 편이다. 자급자족의 소
농 경제로 말미암아 줄곧 폐쇄된 상태에 있었으며 사람들은 원칙을 고집
하고 현상에 안주하면서 배타적인 가치관을 형성하게 되었다. 그래서 다
른 사람의 가치관을 잘 인정하지 않고 새로운 사물에 대한 저항감을 드러
내면서 타인과 쉽게 융합하려 들지 않는다. 여기에 유교 문화의 영향까지
보태져서 절대 권위주의와 강한 계급관념을 내세우며 자기중심적이다.
이런 점 때문에 타인과의 관계에서 평등한 교류를 유지하기가 어렵다.

허난 사람과 관계 맺기

중원 문화의 고향으로 일컬어지는 허난은 농업이 발달한 지역이다. 자
급자족의 자연경제로 오랫동안 폐쇄적인 경제활동이 이루어졌으며 농업
을 중시하고 상업을 경시하는 사회 분위기와 재물과 돈을 쌓아놓는 보수
적인 소비 습관이 형성되었다. 관리가 되는 것을 가장 큰 영광으로 알아
무슨 수를 써서든 벼슬을 하려고 했다. 이런 '관(官) 본위' 주의와 정치
참여 열기는 아직도 식을 줄을 모르며 오히려 더 뜨거워지고 있다. 그러
다 보니 장사를 경시하는 관념이 있어 집안에 아무리 돈이 많아도 웬만

농한기 때 신발에 수놓는 모습
여인들이 모여서 시간을 보내면서 부업으로 신발에
수를 놓아 가정 경제에 보태기도 한다.

해서는 비즈니스에 나서지 않는다.

허난 사람들과 비즈니스를 하려면 먼저 그들의 중원 문화를 이해해야
한다. 오랫동안 중용사상의 가르침을 받은 허난 사람들은 '의(義)' 라는
단어의 일반적인 의미를 사람들의 관계에도 확대해서 쓰는 경향이 있다.
이를테면 사람들의 호칭에도 '의형', '의제', '의협' 하는 식이며 자기보
다 나이 많거나 어린 사람들을 '의부', '의자' 라는 호칭으로 부르기도 한
다. 도덕성이 결여된 사람들에게는 가차 없이 '불의' 라는 말을 붙여버린

허난 경내의 황하 주변
황하는 평원 주변을 흐르며 주변의 땅을 비옥하게 하
여 중요한 농업 기지로 만들어준다.

다. 이들의 눈에 '의' 에 대응되는 낱말은 '리(利)' 다. 의리와 이익 사이에
서 허난 사람들은 주저 없이 의리를 선택하는데 이는 상업과 돈을 경시
하는 풍조로 나타난다. 당신이 허난 출신 사업 파트너에게 이익만 알고
의리를 저버린 행위를 했다고 비난하면, 그는 발끈하여 당신이 상상하지
도 못한 행동으로 당신의 판단이 틀렸음을 증명할 것이다. 그러므로 허
난 사람과 비즈니스를 할 때는 사업에 앞서 일단 그와 우정을 쌓는 것이
중요하다. 그래서 그들로부터 내 사람이라는 인정을 받아야 한다.

　허난 사람들은 무리를 결성하는 것을 좋아한다. 허난 사람이 있는 곳
에는 반드시 재경 허난 동창회니 동향회니 하는 단체가 있다. 사업을 할
때도 가족 경영이 많다. 이들은 사업할 때 마치 누가 돈을 가져다주기를

기다리는 사람들 같은 태도를 보인다. 따라서 이 점을 쉽게 공략하면 돈을 벌 수 있다. 사실 허난 사람들은 아무것도 모르는 것처럼 행동하지만 매우 영악한데, 멀리 내다보지 못하고 눈앞의 이익에만 집중하는 '잔머리 굴리기'인 경우가 많다. 그래서 "허난 사람들은 하는 짓이 마치 원숭이 같다"라는 비아냥을 듣기도 한다. 게다가 경영전략이 부족하고 길게 내다보지 못해 투자한 돈만 건지면 만족하고 장사를 접는 습성이 있다. 따라서 이들을 상대로 사업할 때는 기회를 최대한 포착해야 하며 허난의 매체를 충분히 이용해 현지의 사업에 직접 뛰어들어야 한다. 그리고 이들과 동업을 할 때는 돈을 벌면 곧 접어버리고 외지에 오래 머무르지 않는 허난 사람들의 습성을 파악해서 외부의 정보를 주의 깊게 관찰해야 한다. 또한 그들의 영악함을 알면서도 짐짓 모르는 척, 계책을 계책으로 맞서 역이용할 수도 있다. 가령 상대의 저축 심리와 보수적인 성향을 이

은허(殷墟 : 은나라 유적지) 왕릉을 내려다본 모습
안양(安陽)의 은나라 유적지는 상(商)나라 후기의 도읍지 유적이다. 왕릉은 허베이 우관(武官)촌 북쪽에 위치하며 은나라 유적지의 중요한 구성 부분이다. 면적은 11만m²이며 1934년에 발견되었다.

용해 작은 이익을 안겨주면서 큰 사업을 지속할 수도 있다. 그 밖에 허난 상인의 상품을 구매할 때는 가짜가 아닌지 잘 살펴야 한다. 자칫하면 사업의 신용도에 큰 타격을 입을 수도 있기 때문이다. 허난 사람들은 상대를 제압하기 위해 최저가 전략으로 맞서는 경우가 있으니 가격전에 대비해야 하며, 잘 안 풀린다 싶으면 얼굴을 바꿔 이판사판으로 맞서기도 하기 때문에 동업을 하든, 거래를 하든, 자나 깨나 긴장된 분위기를 조성하지 말아야 한다.

신장웨이구얼 자치구
네이멍구 자치구
간쑤성
닝사후이족 자치구
산
(山
칭하이성
산시성
(陝西)
시짱 자치구(티베트)
쓰촨성
충칭
후
구이저우성
윈난성
광시좡족 자치
하이난

화난 지방
華南

광둥
廣東

중국 식문화의 개척자

지난 2천 년 동안 누구도 광둥 사람들에게 특별한 혜택을 주지 않았다. 진시황과 한무제도 그러했고 당나라와 송나라도 결코 그들에게 혜택을 주지 않았다. 그렇지만 광둥 사람들은 보란 듯이 오늘날의 터전을 일구었다. 광둥 사람은 비교를 거부한다. 그러나 그들은 경쟁을 두려워하지 않는다. 이 세상에는 전적으로 보호하고 세심하게 보살펴야 건강하게 성장하는 사람들이 있고, 내버려두어도 알아서 잘 사는 사람들이 있다. 광둥 사람들은 단연 후자에 속한다.

광둥 사람들은 아침에 마시는 차를 즐긴다. 이곳
사람들은 또 '점심 차', '밤 차'를 마시는 풍습이 있다. 그래서 광저우
는 차를 마시는 것과 식사를 통칭해서 '三茶兩飯(세 번의 차와 두 번의
밥)'이라고 부른다. 찻집은 아침 다섯 시쯤 문을 열고 밤 열두 시가 되
어야 영업을 마친다. 광둥의 찻집에는 다양한 명차(名茶)와 맛있는 딤섬
들이 있는데, 명차로는 녹차·우롱차·육보차(六堡茶)와 꽃잎차가 있
고, 김이 모락모락 나는 뜨거운 차샤오빠오(叉燒包 : 돼지고기 찐빵) 등
유명한 딤섬들이 있다. 손님들은 차를 마시면서 간간이 이야기를 나누
고 정보를 교류한다. 찻집에 가는 것은 광둥 사람들의 전통 생활습관이
며 대중의 트렌드가 되었다. 특히 명절이나 휴일에는 많은 광둥 사람들

이 온 가족을 대동하거나 친구들과 찻집에 가서 차를 마시고 맛있는 딤섬을 먹는다.

광둥 사람들의 먹을거리에 대한 관심은 단연 전국 최고다. 그들이 쓰는 돈 중에는 식비가 가장 많다. 광둥 사람들은 먹는 것으로 유명하며 중국 식문화의 개척자이자 실천자다. 광둥은 아열대 기후에 속하고 지형의 변화가 많아서 물자가 풍부하다. 또한 중국과 외국 간 교류의 중심이며 각지의 여행객과 상인이 운집하여 광둥의 식문화를 풍부하고 다채롭게 발전시켰다. '식재광둥(食在廣東)', 즉 요리의 고장 광둥이라고 표현될 만큼 광둥 요리는 국내외에 유명하다. 특히 독특한 풍미와 다양한 조리법으로 유명하며 기이한 식재료들을 사용한다. 하늘에 날아다니는 것과 땅에 기어 다니는 것, 물속을 헤엄치는 것 모두 광둥의 요리사의 손끝을 거치면 영양이 풍부하고 신선하며 맛있는 고급 요리로 탈바꿈한다.

광둥 사람들의 음식에 대한 요구는 점점 높아지고 있다. 그들은 식문화로 분위기를 만들고 즐긴다. 음식의 정교함은 개인의 행복과 향유를 추구하는 광둥의 문화에서 비롯되었다. 광둥 사람들의 향유는 단순하게 먹고 마시고 노는 데서 그치지 않으며 일종의 도덕적 범주에 속한다. 광둥의 문화 자체가 향유적인 경향이 있어 세속적인 향락을 만끽한다. 그들은 안락하고 즐거우며 아름다운 생활을 추구하기에 힘들게 일하고, 마음껏 즐기기를 원한다. 중국에서는 즐긴다는 말이 부정적인 의미로 인식

광둥 북부 지역의 요족(瑤族 : 야오족) 축제
험준한 산이 많은 광둥 북부 지역에는 부지런한 요족이
살았다. 요족은 순박한 민속과 열정적으로 손님을 맞이
하는 습관이 있으며 선천적으로 춤과 노래에 능하다.

되는데 사실 즐기는 것이야말로 고급스러운 인류의 생존 방식이며 문명
이 어느 정도 발전했을 때 필연적으로 요구되는 문화 향유 방식이다.

무(無)에서 유(有)를 만드는 능력

지난 2천 년 동안 누구도 광둥 사람들에게 특별한 혜택을 주지 않았
다. 진시황과 한무제도 그러했고 당나라와 송나라도 결코 그들에게 혜택
을 주지 않았다. 그렇지만 광둥 사람들은 보란 듯이 오늘날의 터전을 일
구었다. 광둥 사람들에게 무대만 제공해주고 그들의 손발을 속박하지 않
으면 볼거리가 많고 훌륭한 무대를 감상할 수 있다. 광둥 사람은 비교를

거부한다. 그러나 그들은 경쟁을 두려워하지 않는다. 이 세상에는 전적으로 보호하고 세심하게 보살펴야 건강하게 성장하는 사람들이 있고, 내버려두어도 알아서 잘 사는 부류가 있다. 광둥 사람들은 단연 후자에 속한다.

바람직한 실리주의자

광둥 남자들은 헛된 명예를 좇지 않고 허세를 부리지 않는다. 그들이 신봉하는 것은 실리주의이며 작은 점포라도 자기가 직접 창업하기를 원한다. 실제로 광둥 남자들은 돈을 쓰는 데 쩨쩨하지 않고 적극적으로 나서서 계산을 도맡아 한다. 하지만 어떤 순간에도 그들은 그럴만한 가치가 있는 일이냐를 생각한다. 즉, "먹을 가치가 있는가", "할 가치가 있는가" 이것이 그들의 입버릇이다.

광둥 남자는 여자에게 온화하고 친절하다. 그는 여자에게 춥지 않은지를 묻고 에어컨의 온도를 조절해준다. 밤늦게까지 일한 여자를 집에 데려다주기도 하고 함께 식사를 할 때는 많이 먹으라고 챙겨주며, 어떤 국을 먹으면 미용에 좋다는 자상한 설명을 붙이기도 한다. 광둥 남자들은 금전 감각을 확실히 중요하게 생각한다. 그들은 지키지 못할 약속을 쉽게 하지 않으며, 실질적인 것만 준다. 그래서 부인이 사교 생활을 할 때 체면에 손상이 가지 않고, 그중에서도 높은 신분을 누릴 수 있도록 늘 애를 쓴다.

낭만 현실주의를 표방한 물질주의

광둥 여인은 담황색 피부에 아무리 살이 쪄도 북방 여자들처럼 몸매가 퍼지지 않는다. 개방의 물결을 처음 맞이했는데도 보수적이고 나서지 않는 편이다. 이들은 계속해서 몰려오는 시대의 변화와 유행에도 태연하기만 하다. 광둥 여인들은 비록 아름다운 외모는 갖추지 못했지만 순식간에 멋진 요리와 시원한 탕을 뚝딱 끓여낸다.

오늘날 광둥의 젊은 여성들은 '낭만 현실주의'를 표방하며 애정과 물질을 똑같이 중시한다. 애정만 있고 물질이 없어 굶주리는 낭만은 더 이상 받아들이지 않는 것이다. 그렇지만 돈만 있고 사랑이 없는 결혼도 거부한다. 미혼 여성들은 대부분 남자 친구가 재산과 학벌을 겸비하기를 요구하며, 장래의 남편감은 사회적 교제 범위가 넓고 혁신적이며 사업에 대한 야망이 있어야 한다고 주장한다. 남자 친구의 외모는 별로 따지지 않는다. 여자들은 모이기만 하면 남자 친구 자랑을 늘어놓는데 보통은 수법이 교묘하여 겉으로는 흉을 보는 것 같지만 결국 자기 눈이 높으며 남자 친구를 제대로 골랐다는 결론을 내린다. 실질적인 것은 여성들의 결혼 상대자를 고르는 기준이며 광둥 남성들의 절대적인 취향이기도 하다.

광둥 사람과 관계 맺기

광둥 사람은 불굴의 의지로 쉽게 포기하지 않으며 고독을 잘 견디고 기회를 포착할 줄 안다. 그들은 사람들을 평등하게 대하고 배타적이지 않다. 당나라 시대 이전에는 광둥 사람들의 존재가 별로 부각되지 않았다. 그러나 그들은 기회를 잘 잡아서 자신에게 적합한 경제를 발전시켜 당송 이후 유명한 대외무역 항구로 자리매김했다. 특히 근대에는 새로운 사상을 과감히 받아들이고 서구의 선진 문화를 배우는 데 앞장섰으며 중국의 근대화와 현대화에 크게 기여했다. 발전이 늦었기 때문에 중국의 관료 문화에 물들지 않았으며, 오랫동안 가난한 생활을 했기 때문에 생활수준 개선에 눈을 돌려 열심히 경제를 발전시켰다.

광둥 상인의 평가는 둘로 갈라진다. 그들이 장사를 잘하는 것은 천하가 공인하는 일이다. 그러나 광둥 상인에 대한 나쁜 이미지도 적지 않다. 그래서 사람들은 광둥 사람이 간사하고 교활하니 그들과 접촉할 때는 정신을 바짝 차려야 한다고 경고하기도 한다.

광둥에서는 이익의 교류가 자주 이뤄지며 정이나 의리 같은 이야기는 하지 않는다. 그들은 자신의 경험을 소개하기를 꺼리며 비밀을 잘 덮어 준다. 인터뷰를 요청하러 온 기자에게보다는 비즈니스를 상담하러 온 사람에게 훨씬 친절하다. 따라서 과감하게 돈에 관한 화제를 꺼내고 흥정을 해야 한다. 그렇지 않으면 당신을 장사꾼이 아니라고 생각한다. 교류를 할 때는 인생의 철학을 논하기보다 장사 이야기를 많이 하며, 마음을 나누기보다는 이익으로 친구를 대한다. 정치에 대한 화제는 광둥 사람들의 흥미를 끌기 어려우며 공연히 상담의 분위기만 깨진다. 당신이 정치에 대해 얘기하면 정치적인 배경이 있다고 여겨 함께 일하기를 꺼린다. 따라서 돈에 대한 이야기를 많이 하고, 정치 얘기는 가급적 피해야 한다.

하이난 海南

음식점보다 많은 찻집

하이난 사람들은 유유자적한 생활을 즐긴다. 이들은 시간만 나면 찻집으로 달려간다. 차를 마시는 행위 자체보다 찻집이 주는 가볍고 편안한 분위기를 즐기며, 유유자적함을 즐기는 것이다. 그래서 하이난 지역에는 음식점보다 찻집이 많다. 하이커우의 찻집은 1천 개가 넘으며 작은 마을에서도 찻집을 찾는 손님이 식당 손님보다 많다. 심지어 식당은 없어도 찻집은 있을 정도다.

하이난 사람들은 유유자적한 생활을 즐긴다. 이들은 시간만 나면 찻집으로 달려간다. 차를 마시는 행위 자체보다 찻집이 주는 가볍고 편안한 분위기를 즐기며, 유유자적함을 즐기는 것이다. 그래서 하이난 지역에는 음식점보다 찻집이 많다. 하이커우(海口)의 찻집은 1천 개가 넘으며 작은 마을에서도 찻집을 찾는 손님이 식당 손님보다 많다. 심지어 식당은 없어도 찻집은 있을 정도다.

하이난 사람들은 낙천적이고 달관한 태도로 살아간다. 그들은 기운이 넘치고 활달하며 쉽게 만족하면서 천부적인 유머 감각도 있다. 사방이 바다여서 육지와 격리된 섬이라는 지리적 환경과 온화한 기후의 영향을 받아 과일과 채소, 해산물 등 특산물이 풍부하다. 그래서인지 하이난 사

두차도(斗茶圖)
차의 품질과 맛을 감상하는 풍속은 훗날 다도로 발전
했다. 그림은 차의 품질을 알아보는 풍경을 묘사한 두
차도.

람들은 복잡한 세상사에 무관심하고 여유가 넘친다. 하이커우에서 육체
노동을 하며 리어카를 끌고 노점상을 하거나 마대를 메고 중노동을 하는
사람들, 과일 장사, 폐품 수집하는 사람들은 모두 중국 대륙에서 건너온
민공(民工)이며, 하이난 사람들은 그런 힘든 일을 하지 않는다. 그들은 찻
집에 앉아 내일 복권에 당첨될 꿈을 꾼다. 또한 눈을 조금만 낮추면 하이
난에서는 굶어 죽을 염려는 없다고 믿는다. 설령 직업을 잃고 당장 수입
이 없어도 걱정하지 않으며 아무리 힘든 환경이라도 다른 사람이 살아간
다면 자기도 견딜 수 있다고 믿는다.

망부석이 형성한 여성 문화

　하이난 사람들은 타지 사람들에게 호의적이며 외부의 문화를 잘 수용한다. 하이난 섬의 총인구 6백만 명 중 한족이 84퍼센트를 차지하고 이족은 14퍼센트, 나머지는 묘족이다. 하이난 지역에는 과거 이곳으로 유배된 문인들이 남긴 발자취가 있다. 하이난 사람들은 전통을 매우 중요시하고 보수적이며 겸허하다. 특수한 지리적 조건으로 말미암아 현지 사람들은 스스로 발전에 한계가 있음을 알고 외지인과 교류하며 큰 포용력을 지니게 되었다.

　하이난 사람들과 교류할 때는 그곳 여인들의 부지런함과 남자들의 게으름에 신기해할 필요가 없다. 하이난에는 여성 문화라는 특징이 있다. 알려진 명사(名士)도 거의 여성이다. 이곳에서는 여성들이 일을 한다. 남

하이난의 이족(黎族 : 리족) 산채
하이난으로 이주한 사람 중에는 한족이 주를 이루면서 다른 민족을 자신들의 문화에 동화시켰다. 이족은 하이난에 최초로 이주해 온 소수민족이다.

자들은 하루 종일 찻집에서 시간을 보내거나 나무 그늘에 매달아놓은 해먹(hammock)에 누워 한쪽에는 차 주전자를 가져다놓고 반쯤은 자고, 반쯤은 깨어서 하루를 보낸다. 여자들이 일하고 남자들이 게으르게 지내게 된 데는 이유가 있다. 과거 일기예보도 없던 시절, 남자들이 거친 바다에 고기잡이를 나가면 살아서 돌아올지 영원한 이별이 될지 몰랐다. 그래서 이곳에는 바다에 나가 영영 돌아오지 않는 남편을 기다리다 지친 여인들의 '망부석'에 관한 전설이 넘친다. 남편이 살아 돌아오기만을 기다리던 아내가 이렇게 소중한 남편에게 어찌 일을 시키겠는가! 세월이 흐르면서 하이난 여자들은 남편을 모셔두고 자기들이 일을 하는 데 익숙해진 것이다.

하이난 사람들과 교류하려면 그들의 식습관을 알아둬야 한다. 하이난은 기후의 영향을 받아 특별한 주식으로 손님을 맞이하는 풍습이 있다.

조개 캐는 여인들
하이커우 여인들은 세계에서 가장 믿음직하고 부지런하다. 그녀들은 마지막까지 전통을 따르는 생활을 하고 있다.

그들은 맵거나 짠 음식, 기름기가 많은 음식을 싫어하여 음식이 담백한 편이다. 외지인들이 보기엔 너무 심심하다고 생각될 정도다. 닭고기를 썰어 약간의 소금과 생강만 곁들여 물속에 넣고 70퍼센트만 익혀서 그대로 상에 놓는다. 돼지고기도 물에 넣고 삶아 간장을 찍어 먹는다. 평상시에는 무말랭이나 절인 채소, 절인 토란 뿌리 등을 넣고 끓인 야채죽을 즐긴다. 원창(文昌)과 싼아(三亞) 일대는 고구마와 쌀을 넣고 고구마죽을 끓이는데 달고 고소한 맛으로 인기를 끈다. 결혼식 같은 큰 행사에서는 밥을 해서 손님을 대접한다.

하이난 사람과 관계 맺기

하이난 사람들은 투기에 열중하는 편이다. 그래서 긴 안목이 없고 비즈니스를 할 때도 도 아니면 모라는 의식이 팽배하다. 하이난에 특구 개념이 도입된 후 하이난 사람들은 투자규모나 공급 토지의 규모는 생각하지 않고 원칙 없이 부동산에 지나치게 투자하여 부동산과 금융업의 혼란을 자초했다. 따라서 그들의 도박성 투기 행위에 주의할 필요가 있다. 물론 하이난 시장을 개척할 때는 그들의 투기 성향을 겨냥한 마케팅 전략이 통할 수도 있다.

　하이난 사람들은 오랫동안 외부와 단절된 생활을 해서 보수적인 성향도 있다. 따라서 그들과 거래할 때는 새로운 생각과 관념을 전파하며 그들의 보수적인 성향을 이용해 시장을 점령해야 한다. 안일하고 유유자적한 생활 태도로 저축과 계획, 재테크에 관심이 없는 그들의 특징을 감안해 처음부터 이윤을 나누어주는 것이 좋다. 고통을 오랫동안 감내해야 하는 프로젝트를 할 때는 상대가 얼마나 견딜 수 있는지를 고려해야 한다.

광시
廣西

사업에 관심 없는 농민

광시 사람들의 성격이 단도직입적이고 솔직한 것은 구이린(桂林)의 독특한 산수 덕분이라는 말이 있다.다. 구이린의 부드러운 만두산(饅頭山)을 보면 필자가 만난 광시 사람들의 성격도 만두산처럼 온순한 것 같다. 광시의 문학예술은 좡족(壯族)이 대부분인 이 지역 소수민족의 풍습과 아열대 지방 특유의 아름다운 풍경을 잘 표현했다. 좡족을 대표로 하는 광시 각 소수민족의 생활 중 민요는 가장 흔한 예술형식이다. 남녀노소를 막론하고 누구나 가수가 되며, 노래로 감정을 교류하고 노동의 경험을 이야기한다.

광시 사람들은 성실하다. 광시는 낙후된 다민족 지역으로 역사 이래 외부 세계와의 연락이 밀접하지 않았다. 평생 산촌 밖으로 나가지 못한 채 일생을 마치는 사람도 많다. 이런 환경에서 성장한 광시 사람들은 대부분 성실하고 순박하여 하루하루 땅을 지키며 산다. 광시는 상업에 종사하는 전통이 있는 위린(玉林)시를 제외하면 전반적으로 사업에 관심이 없다. 이들은 실패를 두려워하며 푸젠 사람들처럼 어떻게든 해보겠다는 근성이 없다.

광시성과 광둥성은 바로 옆에 있지만 두 지역 사람들의 성격은 판이하게 다르다. 환경과 경제력의 차이 때문이다. 광둥 사람은 비교적 냉철한 반면에 광시 사람들은 호탕하고 손님에게 극진하며 개성도 강하다. 광시 사람들의 성격은 후난 사람들과 매우 비슷하다.

민요로 생활을 이야기하다

광시 사람들의 성격이 단도직입적이고 솔직한 것은 구이린(桂林)의 독특한 산수 덕분이라는 말이 있다. 구이린의 부드러운 만두산을 보면 필자가 만난 광시 사람들의 성격도 만두산처럼 온순한 것 같다. 광시의 문학예술은 쫭족(壯族)이 대부분인 이 지역 소수민족의 풍습과 아열대 지방 특유의 아름다운 풍경을 잘 표현했다. 대형 가무극 〈류산제(六三姐)〉는 광시의 특징을 잘 드러냈으며 가무에 능한 광시 지역의 문화는 쫭족

부지런한 장족(壯族 : 쫭족) 여성들

문화를 대표한다. 〈류산제〉 하면 이제는 광시와 쫭족을 자연스레 연상할
정도이다. 쫭족을 대표로 하는 광시 각 소수민족의 생활 중 민요는 가장
흔한 예술형식이다. 남녀노소를 막론하고 누구나 가수가 되며, 사람들은
노래를 통해 사랑을 이야기한다. 노래로 감정을 교류하며, 노래로 노동
의 경험을 이야기한다. 노래로 윤리 도덕을 함양하고 역사를 기록하고
문화를 전승한다. 일상생활에서 길을 묻거나 장작 패기에 관련된 노래도
있고 결혼할 때나 손님을 전송할 때 어디서나 민속 노래를 들을 수 있다.

광시 사람과 관계 맺기

광시 사람들은 성격이 온순하여 누구나 쉽게 가까워질 수 있으며 남을
돕는 것을 즐거워한다. 그들과 교류하면 당신은 광시 사람들의 부드러운
면을 충분히 느낄 것이다. 앞에서 말한 것처럼 광시 사람들은 때로는 제멋
대로다. 따라서 광시 사람과 교류할 때는 그들의 민감한 속마음을 잘 헤아
려야 하며, 설사 친해진 다음이라도 신중하게 대해야 한다. 자칫 잘못하여
상대방의 자존심을 상하게 하면 그들과의 관계가 한동안 서먹해진다. 사
실 남을 존중하고 진심으로 대하는 것은 누구에게나 필요한 덕목이다.

신장웨이구얼 자치구
간쑤성
네이멍구 자치구
닝샤후이족 자치구
산시(山
산시성(陝西)
칭하이성
시짱 자치구(티베트)
쓰촨성
충칭
구이저우성
윈난성
광시쫭족 자치
하이난

둥베이 지방
東北

둥베이

東北

둥베이 사람들은 의리가 넘치고 성격이 호탕하여 친구를 위해서라면 어떠한 위험도 기꺼이 감수한다. 우정을 목숨보다 중요하게 여기는 그들은 마음이 통하는 친구에게는 온 마음을 바친다. 술을 마실 때는 상대가 취해 쓰러질 때까지 권하며 한사코 술을 거절하는 사람은 친구로 여기지 않는다. 술을 즐기는 둥베이 사람답게 함께 코가 비뚤어지도록 술을 마신 사이라면 못 해줄 일이 없다. 그러므로 비즈니스를 하는 사이에 술자리에서 술이 약하다느니, 요즘 위장이 안 좋아 술을 멀리해야 한다느니 하는 말은 결코 해서는 안 된다. 함께 술을 마시지 않으면 진정한 친구로 여기지도 않는데 그런 상대와 일을 하는 것이 신날 리 없다.

둥베이 사람들의 첫인상 하면, 사람들은 이구동성으로 호탕하다고 말한다. 이들의 호탕함은 뼛속 깊은 곳에서 배어나오는 기질과 같다. 흡사 무협 소설에서 자주 등장하는 협객과 같은 이들의 호탕함은 그들의 생활 어디에서나 엿볼 수 있다.

둥베이 사람들은 술을 좋아하기로 유명하다. 영국인이 날씨 이야기를 좋아하듯이 둥베이 사람들은 술 이야기를 좋아한다. 둥베이 사람들을 만나면 누구나 첫인사로 "그곳 사람들은 모두 술을 잘 마신다지요?"라고 묻는다. 둥베이 사람들도 자신들이 술을 잘 마신다는 주변의 평가를 은근히 즐기는 편이다. 하지만 겉으로는 겸손하게 "잘 마시긴요, 그냥 좀

백두산(중국명 장백산) 천지
천지는 백두산의 4대 경관 중 하나이며 백두산의 상징이다.

마시는 편이지요"라고 대답한다. 둥베이 사람들의 피 속을 흐르는 호탕한 기개는 술 마시는 모습에서도 어김없이 드러난다. 혹독하게 추운 날씨의 영향인지 둥베이 사람들은 큰 그릇에 술을 담아 벌컥벌컥 마시는 것을 즐긴다. 또한 그들은 특유의 대범함과 열정으로 방문한 손님들을 극진하게 대접한다. 술을 권할 때는 손님이 취하도록 하여 마치 제 집에 온 듯 편안하게 자리를 즐기도록 한다. 속을 버리는 것이 낫지 감정이 상해서는 안 된다는 것이 둥베이 상인들의 술자리 좌우명이다.

둥베이 사람들은 술을 잘 마시는 것으로 일찍부터 유명했다. 그들의 주량은 유럽의 독일·프랑스·러시아 사람들과 비교해도 전혀 손색이 없을 정도다. 둥베이의 하얼빈은 맥주의 고장이라고 불리는데, 이곳 사람들의 엄청난 주량에 타 지역에서 온 사람들은 하나같이 혀를 내두른다. 식당에서 젊은 청년 둘이 앉아 삼복더위에 24병들이 맥주 한 박스를 순식간에 비우는 모습은 하얼빈에서는 흔히 볼 수 있는 장면이다. 이들이 맥주 한 병 정도로 끝내는 일은 여간해서는 없다. 당신이 맥주 한 병을 마시고 얼굴이 벌겋게 달아오르며 취기를 느낀다면, 그들의 주량에 압도당해 한없이 작아지는 자신을 느끼게 될 것이다.

둥베이 사람들은 비즈니스와 술을 따로 떼어놓고 생각하지 않는다. 술이 없는 자리에서는 사업을 논하지 않으며, 큼직한 거래는 대부분 술자리에서 성사된다. 둥베이 사람들은 투자와 사업 이야기를 나눌 때 먼저

둥베이 대앙가(大秧歌)
둥베이의 여러 지역에서는 이른 아침, 또는 명절을 맞을 때 울긋불긋한 옷을 입고 얼굴에 분을 바른 한 무리의 사람들이 징과 북의 반주에 맞추어 춤과 노래를 하는 모습을 흔히 볼 수 있다.

술자리를 마련해 손님을 융숭하게 대접하곤 하는데, 그렇다고 해서 그들을 술고래에 돈을 물 쓰듯 하는 신뢰할 수 없는 사람으로 생각해서는 곤란하다.

술을 즐기고 손님에게 술을 대접하는 것이 그 지방의 풍속일 뿐이다. 둥베이 사람들의 호탕함은 여행을 떠나거나 비즈니스를 할 때 특히 잘 드러난다. 통이 큰 그들은 남들이 자신보다 푼돈을 좀 더 챙기는 것쯤은 개의치 않는다. 외지 사람들은 이런 둥베이 사람들에 대해 시원시원하다고 말한다. 그래서 둥베이 사람들과 다투거나 감정이 상하는 일만 없다면 다른 지역 사람들보다 함께 지내기가 훨씬 수월하다.

둥베이 사람들의 의리는 다소 과격한 방식으로 표현된다. 예를 들면, 친구의 도움을 받았을 때 고마움을 표현한답시고 주먹으로 툭툭 치며 "이 녀석, 이제 보니 능력이 대단한걸" 하고 말하는 식이다. 상대도 이를 불쾌하게 생각하지 않고, 함께 주먹질을 하면서 거칠지만 정이 넘치는 목소리로 "나 아니면 너같이 별 볼일 없는 녀석을 누가 도우려고 하겠어?"라고 응수한다. 두 사람 다 유쾌하게 농담을 하며 의리를 과시하는 것이다.

강자만이 살아남는 '둥베이 호랑이'의 세계

때로는 둥베이 사람들의 호탕함이 지나친 나머지 '토비(土匪 : 지방의 무장한 도적떼–옮긴이)'스러운 기질로 표현될 때가 있다. 이것을 두고 혹자는 '숲의 기개'라고 일컫는다. 위도가 높아 겨울이 길고 추운 이 지역의 기후는 사람들을 기운 넘치게 하고, 심장 박동과 말초신경의 반응을 더욱 빠르게 한다. 신경물질의 분비가 균형을 이루고 혈액은 힘차게 심방으로 향하며, 심장은 더욱 힘을 얻고 자연히 자신감이 충만해진다. 이런 신체적 변화는 둥베이 사람들의 성격에도 영향을 미쳤다. 이들은 자신이 우월하다고 믿고, 무모한 용기를 바탕으로 솔직하고 주저 없이 행동한다. 꼼꼼한 전략이나 계책 따위는 안중에도 없다.

옛날 둥베이 사람들은 유목과 사냥으로 먹고 살았다. 문명의 중심에서

둥베이 지방에서 생활하는 어룬춘족(鄂倫春族)의 집단 사냥 모습

멀리 떨어져 있었기 때문에 발전도 뒤처졌다. 중원 지역의 사람들이 오래전에 화전(火田) 경작 방식을 버리고 집단의 힘으로 자연에 대항할 때도 둥베이 사람들은 개인의 힘으로 생존해야만 했다. 또한 둥베이 지역은 다른 지역보다 중원 왕조의 지배를 늦게 받았기 때문에 자유를 누린 기간이 비교적 길었다. 이렇게 독특한 생존 환경의 영향으로 개인의 힘을 존중하고 영웅을 숭배하며 충의 정신을 갈구하는 전통을 형성하게 되었다.

이런 특징은 타지 사람들이 둥베이로 이주하는 역사적 과정에서 더욱 선명하게 드러난다. 19세기 후반 산둥(山東) 지역 사람들은 황하(黃河)의 범람과 외세 침입 등 격동기를 맞아 생존을 위해 산하이관(山海關, 산해관) 동쪽인 둥베이 지방으로 대규모 집단 이주에 나섰는데, 역사는 이를 '틈관동(闖關東)'이라고 기록한다. 그 당시 둥베이로 이주해 온 사람들 중에는 밑바닥 출신이 많았다. 이들은 이 지역에서 어렵게 생활하며 안정적인 기반도 다지지 못하고 사회질서도 구축하지 못했다. 이때 이미 강자가 제일이라는 사회 분위기가 싹트게 된 것이다. 그렇다 보니 초기 이민자들 중 강한 사람만이 살아남고 온화한 성품의 소유자들은 차츰 도태되고 말았다.

오늘날에도 둥베이 사람들에게서는 공격적인 성향을 쉽게 엿볼 수 있다. 보양(柏楊)이라는 타이완 작가는 추한 중국인에 대해 논하는 글에서 "눈만 크게 떠도 칼이 날아든다"고 말했는데, 이 말은 둥베이 사람들에게 딱 들어맞는 표현이다. 둥베이 사람들은 싸움을 좋아하는 호전적인 기질로도 유명한데, 상대가 자꾸 쳐다본다든지 하는 사소한 이유가 큰 싸움으로 번지는 경우도 종종 있다.

타지 사람들은 둥베이 사람들을 '둥베이 호랑이'라고 부르며, 그들을 보고 종종 맹수를 떠올린다고 한다. 체격이 건장해서 마치 호랑이가 먹이를 탐하듯 왕성한 식욕을 자랑하고, 호전적이며 용맹한 성격의 이 지방 사람들에게 호랑이는 더없이 잘 어울린다. 이러한 둥베이 사람들의 성격은 오랜 세월을 통해 형성된 문화적 배경에서 비롯된 것이다. 타지 사람들은 작은 일에도 툭하면 폭력을 휘두르는 둥베이 사람들을 선뜻 이해하지 못할 수도 있다. 물론 다른 지역 사람들이라고 싸움을 하지 않는 것은 아니다. 하지만 조금만 유심히 살펴보면 둥베이 사람들과 타지 사람들은 싸움의 양상이 다르다는 사실을 알 수 있다.

둥베이 사람들은 싸움을 할 때조차 호랑이의 용맹을 부린다. 맹호가 한 번에 먹이를 공략하듯 단숨에 승패를 결정해버린다. 그러므로 싸움을 할 때 가장 효과적인 방법으로 공격한다. 그들은 싸움이 시작되면 일단 가까운 곳에서 무기가 될 만한 물건부터 집어든다. 이때 주변에 벽돌이 있다면 반드시 그것을 집어던진다. 벽돌 옆에 있는 흙뭉치를 집어던지는 바보는 없다. 쇠몽둥이와 나무 몽둥이가 있다면 반드시 쇠몽둥이를, 도끼와 낫 중에서는 서슴없이 도끼를 선택한다. 이들은 어떤 무기를 선택하느냐에 따라 승패가 달라진다는 사실을 잘 알고 있다. 또한 공격할 때에는 상대의 급소를 잘 찾아낸다. 엉덩이보다는 얼굴을 가격하고, 다리보다는 가슴을 공격하며, 손바닥보다는 주먹을 휘두른다. 이런 모습도 어찌 보면 둥베이 사람들의 호전적인 기질과 통하는 행동이라고 하겠다.

모두를 가족으로 만드는 '우리(咱們)'

여대생 민(民)이는 방학을 이용해 둥베이 지역으로 여행을 떠났다. 선양(沈陽)행 열차에 몸을 실은 그녀는 젊은 청년과 나이든 아주머니의 옆 좌석에 앉아서 가게 되었다. 그런데 젊은 청년이 아주머니를 극진히 대하는 것을 보고 큰 감동을 받아 자기도 모르게 물었다.

"저 아주머니와는 어떻게 되는 사이세요?"

"이분은 '우리(咱們)' 엄마세요. 몸이 편찮으셔서 베이징 병원에 들렀다가 '우리(咱們)' 선양으로 돌아가는 길이죠."

함께 듣고 있는 민이의 고향마저 선양으로 만들어버리는 '우리(咱們) 선양'이라는 말을 중문학도인 민이는 그냥 넘길 수가 없었다. 왜냐하면

중국어에서 '우리'라는 단어는 말하는 쪽을 의미하는 '우리(我們 : 워먼)'
와 말하는 쪽과 듣는 쪽을 모두 포함하는 '우리(咱們 : 짠먼)'의 두 가지
가 있는데, 청년은 '우리(咱們)'라는 단어를 써서 민이까지 함께 '우리'
에 포함시켜 버렸기 때문이다. 민이는 곧 '우리'와 '나', '너'의 용법에
대해 한바탕 장황하게 설명을 늘어놓았다. 하지만 뜻밖에도 선양 청년은
그리 탐탁지 않게 생각하는 것 같았다. 공연히 좋았던 분위기만 서먹해
지고 말았다. 베이징에 돌아온 민이는 둥베이 출신인 다른 친구에게 그
날의 일을 이야기해주었다.

"내가 그 집 며느리도 아닌데 무슨 근거로 나까지 끌어들여서 '우리
엄마, 우리 엄마' 하는 거지?"

친구가 딱하다는 듯이 말했다.

"그 청년은 그런 뜻으로 말한 게 아냐. 그가 말한 우리(咱們)는……."

사실 민이도 모르는 바는 아니다. 청년이 설마 자신에게 한 식구가 되
자고 한 말이었겠는가. 하지만 그래도 뭔가 어색하고 찝찝한 느낌은 어
쩔 수 없었다. 청년의 말투는 들을수록 정이 느껴지는 전형적인 둥베이
말투였다. 중국의 다른 지역에서는 이런 말투를 들을 수 없으며, 다른 지
역의 사람들은 둥베이 사람들의 이러한 언어 습관을 이해하지 못한다.
둥베이 사람들의 말투는 인정이 철철 넘치는 느낌으로 '나'와 '너' 사이
의 친밀감을 한껏 더해준다.

가부좌를 틀고 온돌에 앉아 화롯불에 담뱃대를 붙여 물고 이야기를 나누는 둥베이 사람들의 일상

둥베이에서는 '형님', '누나', '언니'는 물론이고 남의 부모에게도 '우리 어머니', '우리 아버지'라는 호칭을 아무렇지도 않게 사용한다. 여러 명이 있는 자리에서 이런 호칭은 한 자리에 있는 사람들을 자연스럽게 한 가족으로 묶는 정서적 교감 역할을 한다. 둥베이 사람들은 대화 속에서 자신의 가족을 상대와 긴밀하게 연결시킨다. 예를 들면, 이야기를 듣는 사람이 자기보다 연배가 높으면 자신의 부인에 대한 이야기를 할 때도 "그런데 형님의 제수가 말이죠"라고 말하며, 반대로 상대가 손아래 사람이라면 "네 형수가 그러는데……" 하는 식으로 모두를 친척으로 만들어버린다. 이런 호칭을 듣고 있는 사람은 마치 그의 가족이 된 듯한 착각에 빠지게 되며, 나중에 직접 장본인을 만났을 때도 별로 낯설게 느끼

지 않게 된다. 둥베이에서만 맛볼 수 있는 정겨움이다.

경계심을 없애고 친밀감을 더해주는 둥베이 언어

둥베이 사람들의 유머 감각은 언어에서 가장 두드러진다. 남방의 방언이 쉽게 알아들을 수 없는 것과 달리 둥베이 방언은 쉽게 따라 할 수 있어서 타지 사람들 사이에서도 크게 유행하고 있다. 일상의 생활을 과장해서 익살스럽게 표현한 둥베이 방언은 특유의 매력으로 많은 사람들의 공감을 얻는다.

둥베이 지방의 언어는 친화력이 크다. 탁 트인 대초원처럼 편안하고 순박하며, 억지로 꾸며낸 듯한 매끄러움을 배제한 이 지역의 언어에는 사람을 끄는 묘한 매력이 있다. 그리고 신기하게도 사람과 사람 사이의 거리를 좁혀주어 경계심을 없애고 진실함을 느끼게 한다. 당신이 둥베이 출신이라면, 어디를 가든지 귀에 익은 고향말을 듣는 순간 저도 모르게 그들이 있는 곳을 향해 발길을 돌리게 될 것이다. 그리고 그 인파 속의 누구라도 당신을 형제처럼 받아들일 것이다. 귀를 쩡쩡 울리는 친근한 말소리는 이렇게 서로가 한 가족임을 일깨워준다.

둥베이 지방의 말투는 이 지역 사람들의 성격만큼이나 막힘없이 시원

둥베이 민간 설창(舌瘡) 공연 〈가을의 이인전(秋天的 二人轉)〉
이인전은 두 사람이 반주에 맞추어 춤추며 노래를 주고받는 형식으로 전국을 돌며 공연을 한 바 있다. 둥베이의 분위기가 물씬 풍기는 이 공연 예술은 둥베이 지역뿐 아니라 전국적으로 큰 인기를 얻고 있다.

시원하다. 혀뿌리에서부터 시작되는 이들의 발성 방식은 그들의 소박하고 원시적이며 무엇에도 얽매이지 않는 시원시원한 성격과도 비슷하다. 상하이 방언이나 광동어에 비해 유독 많은 사람들이 둥베이 말투를 모방하고, 익살스러운 코미디의 소재로 쓰는 이유는 무엇일까? 그것은 둥베이 말투가 어딘가 촌스럽고 어수룩하기 때문이다. 하지만 촌스러운 말투라고 해서 이들의 생각이나 신념 같은 내재적인 요소까지 촌스럽고 어수룩한 것은 아니다. 그보다는 마음에 담아두지 않고 뭐든지 드러내는 이 지역 사람들의 성격에서 그 배경을 찾아야 한다.

둥베이, 시베이(西北), 상하이, 베이징 지역 사람들의 발성 방식을 비교해보면 재미있는 사실을 발견할 수 있다. 이 네 지역 사람들의 발성 부위가 모두 다르다는 것이다. 예를 들면, 상하이 사람들은 혀끝을 이용해서 발성을 하기 때문에 목소리가 비교적 가늘고 부드러우며 힘을 들이지 않고 말한다. 이는 상하이 사람들의 조용하고 우아하며 꼼꼼한 성격과도 맞아떨어진다.

반면 베이징 사람들은 대부분 비음이 강하고 약간은 오만하며 웬만한 것은 안중에도 없다는 말투인데, 이는 베이징이 황제가 사는 수도라는 우월감을 드러내는 것이다. 베이징 사람들은 보고들은 것이 많고 시야가 넓어 스스로 당대의 최고라고 생각하는 경향이 있다. 시베이 사람들은 전형적인 소박함과 진실한 서부의 특징을 보여준다. 이들은 흉강(胸腔)의 공명을 이용해 발성을 하고, 어떤 말이든 습관적으로 앞에는 '아(啊)' 자를, 끝에는 '마(嘛)' 자를 붙인다. 둥베이 사람은 혀의 뿌리 부분을 이용해서 발성하며, 발음 하나에도 온 힘을 쏟아 붓는다.

그래서 이 지방에서 길을 가다 보면 남녀를 불문하고 목청이 터져라 목울대를 울리며 말하는 광경을 흔히 볼 수 있다. 둥베이 방언은 타지와는 말하는 어조도 다르지만, 그 밖에 어떤 문자로도 해석이 불가능한 독특한 매력을 지니고 있다.

세 달은 농사를 짓고 세 달은 설을 쇠며 세 달은 쉰다

둥베이 사람들은 진취적인 정신이나 모험심이 부족하고 현상에 만족하는 경향이 있다. 둥베이 지역은 겨울이 길어 경작할 수 있는 계절이 짧기 때문에 긴 농한기에는 외출을 하지 않고 술을 마시거나 도박으로 시간을 보내곤 한다. 중국이 개혁과 개방 정책을 추진한 이후 둥베이의 경제는 해가 갈수록 불황으로 치닫고 있다. 많은 노동력이 일할 곳을 찾지 못해 놀고 있으면서도 외부로 진출하려 하지 않으며, 이러한 상황은 좀처럼 나아질 기미를 보이지 않는다. 둥베이 사람들에게 외부 세계는 별 매력이 없는 곳인 듯하다.

둥베이 사람들의 나태한 성격은 자연환경과 기후의 영향이 크다. 이들

겨울에 얼음을 깨고 고기를 잡는 모습
쑹화강(松花江, 송화강)에 눈이 오고 얼음이 얼면 얼음 밑에 많은 고기들이 모여든다. 이것 역시 둥베이 사람들의 커다란 자원이다.

은 겨울이 길어 농사를 지을 수 없을 뿐 아니라 실외 활동에도 큰 제약을 받기 때문에 거의 동면(冬眠)에 가까울 정도로 칩거하는 습관이 있다. 그 밖에도 둥베이 지방은 예부터 물자가 풍부하여 "방망이를 아무렇게나 휘둘러도 노루를 잡고, 바가지로 물을 뜨면 물고기가 들어 있으며, 야생 닭이 저절로 솥으로 날아든다"는 말이 있을 정도였다. 경작 면적이 넓어서 한철 농사로도 온 식구가 일 년은 족히 먹고도 남을 만큼 수확량이 많다. "세 달은 농사를 짓고 세 달은 설을 쇠며 세 달은 쉰다"와 같은 둥베이 속담이 이들의 일 년 생활을 생생하게 묘사해 준다.

작은 것에 만족하는 둥베이 사람들의 성격은 과거에 목숨을 걸고 이 지역으로 이주해 온 외지 사람들의 생활 방식과 깊은 연관이 있다. 고향을 떠나 둥베이 지역으로 이주해 온 이들은 생계가 주요 목적이었으므로 새로운 대륙을 개척한다는 꿈이나 포부와는 거리가 멀었다. 그들은 먹고 사는 걱정을 해결하는 것으로 만족했다. 게다가 '틈관동' 시대의 둥베이 지역은 남녀 성비의 불균형으로 남자들이 색시감을 얻기도 어려웠다. 배불리 먹고 가정을 이루는 것, 즉 '등 따시고 배부른' 생활은 그들이 추구하는 최고의 이상이었다. 그렇다 보니 당장 눈앞에 닥친 급한 문제들만 해결하고 미래에 대비하지 않는 '틈관동' 시대의 습관이 후손들에게까지 뿌리 깊게 박힌 것이다.

신중국 수립 이후 둥베이에도 계획경제 체제가 등장했다. 하지만 이

보하이(渤海, 발해) 상징(上京) 둥다오(東島)에 남아 있
는 진국(震國) 용천부(龍泉府)의 유적

지역 사람들은 사회의 변혁에도 아랑곳하지 않고 여전히 몇 십 년 동안 지속해온 그들만의 생활 방식을 고수했다. 계획경제 체제가 끝나고 개혁개방과 함께 시장경제로 전환되자, 둥베이 지역 사람들은 다시 찾아온 새로운 변화에 어찌할 바를 모르고 우왕좌왕했다. 1990년대 초반, 둥베이에는 공업경제 효율이 떨어지는 이른바 '둥베이 현상(東北現象)'이 출현했다. 1990년 동북 3성의 공업 총생산액은 한 해 전보다 겨우 0.6퍼센트 성장하여 전국 평균 성장률 7퍼센트를 훨씬 밑돌았다. WTO 가입을 전후해 그동안 식량 시장의 안정을 뒷받침하던 둥베이 농업 분야도 공업 분야와 동반하여 성장률이 떨어졌다. 이를 두고 매스컴에서는 '신둥베이 현상(新東北現象)'이라고 명명했다.

언론에서는 이에 대해 둥베이 사람들의 시장 관념이 낙후되었다고 지적하며, 구체제의 폐단과 함께 둥베이 지역의 시장경제 체제 전환기의 낙후성에 그 원인을 돌린다. 그러나 일부 학자들은 이런 시각에 반대한다. 즉, 이런 시각은 언론이 만들어낸 허상으로, 문제를 일으킨 근본적인 원인은 외면한 채 시장경제 체제로의 전환을 지체한 책임을 둥베이 사람들의 탓으로만 돌려버리는 무책임한 행동이라는 것이다.

둥베이 사람과 관계 맺기

호탕하고 술을 좋아하는 둥베이 사람과 친구가 되고 싶다면, 당신이 먼저 솔직하게 마음을 터놓아야 한다. 그렇지 않으면 그들과 친구가 될 가능성은 매우 낮다. 또한 둥베이 사람과 사업을 하려면 먼저 그들의 성격을 파악해야 한다. 이것이 그들과의 사업에 필요한 가장 기본이다. 또한 어떠한 일이 있어도 사실을 속이지 말고 성실하게 대해야 결국 손해를 보지 않는다.

둥베이 사람들을 속였다가 봉변당한 타지 사람들에 관한 일화를 하나 소개한다. 식당업을 크게 하는 둥베이 사람이 있었다. 그는 창춘(長春)에다 쓰촨 요리 전문 식당을 냈다. 개업을 위한 모든 준비가 완료되자 월급을 두둑하게 주고 쓰촨 출신 요리사 두 명을 고용했다. 게다가 사장은 둥베이 사람의 호탕함을 발휘해 두 사람에게 미리 한 달치 월급까지 선불해 주었다. 그런데 개업을 하루 앞둔 날, 쓰촨 출신의 요리사 두 명이 모두 온다간다 말도 없이 사라져 버린 것이다. 식당 주인은 앞이 캄캄했다. 화가 난 그는 일단 식당 개업을 뒤로 미루고 건장한 남자 둘을 대동하고는 쓰촨 청두(成都)행 비행기를 타고 요리사의 집으로 쳐들어갔다. 두 요리사도 기차를 타고 도망 와 온 몸에 먼지를 뒤집어 쓴 채 이제 막 집에 들어서는 중이었다. 사장과 두 남자는 다짜고짜 두 요리사를 흠씬 두들겨 패주었다. 달아났던 쓰촨 요리사들은 그저 벌벌 떨며 계속 용서를 비는 수밖에 없었다. 호랑이를 잡으러 직접 호랑이 굴로 찾아간 둥베이 사장의 서슬 퍼런 호기에 듣는 사람은 감탄이 절로 나올 수밖에 없다.

어쩌면 이것이 '둥베이 호랑이'라는 별명에 걸맞는 둥베이 사람의 성격인지도 모르겠다. 둥베이 사람들의 이러한 성격을 잘 파악하여 그들과 거래할 때는 절대로 속이거나 농간을 부려서는 안 된다. 잠자는 호랑이의 코털을 건드린 격으로, 심한 경우 큰 봉변을 당하거나 설사 용서를 받더라도 거래가 성사될 기회는 영원히 사라지고 만다.

의리와 정을 중시하는 둥베이 사람들과 비즈니스를 할 때는 먼저 정서적인 교감을 하는 것이 좋다. 이러한 교감은 술자리를 통해 더 진하게 주고받을 수 있다. 만약 당신이 술을 못 마신다고 해도 억지로라도 마시려는 노력을 한다면 그에 대한 보상으로 웬만한 일은 다 성사된다. 술을 함께 마시고 나면 둥베이 사람들은 당신에 대한 신뢰를 쌓으며, 당신이 진실하고 터놓고 지낼 만한 사람이라고 판단할 것이다. 일단 그렇게만 되면 당신과 그들과의 관계에는 녹색 신호등이 켜진 셈이다. 이와 반대로 당신이 술을 못 마신다며 한사코 거절하거나 어떻게든 덜 마시려고 한다면 반감을 사게 된다. 그들은 당신이 솔직하지 못하고 속으로 꿍꿍이가 많아 알고 지낼 가치가 없다고 여긴다. 앞으로의 사업이 결코 순탄치 않을 것은 불 보듯 뻔한 일이다.

둥베이 사람들은 남의 눈치를 보지 않고 있는 그대로 마음을 드러낸다. 달리 말하면, 상대를 배려하지 않고 하고 싶은 말을 그냥 내뱉는다고도 할 수 있다. 이들은 감정을 쉽게 드러내지 않는 남방 사람들과는 달리 숨기는 것이 없으며, 한번 시작하면 끝장을 본다. 둥베이 사람들의 호탕하고 다혈질적인 성격을 잘 파악하여 친형제나 자매처럼 지내면 사업도 자연히 잘 풀린다. 사업과 관련된 상담을 할 때 둥베이 사람들은 "우리 돈 이야기는 하지 말기로 합시다. 돈 이야기만 하면 정이 달아나거든요"라는 말을 자주 한다. 물론 듣기 좋으라고 하는 말일 수도 있지만, 이익보다 의리를 중시하는 그들의 성격을 엿볼 수 있다. 한 이탈리아 바이어는 사석에서 이렇게 말했다. "상하이 사람들과의 비즈니스는 매우 피곤한 반면 둥베이 사람들과는 일하기가 편합니다. 남방 사람들이 세심한 데 비해 북방 사람들은 거칠기는 해도 솔직하지요."

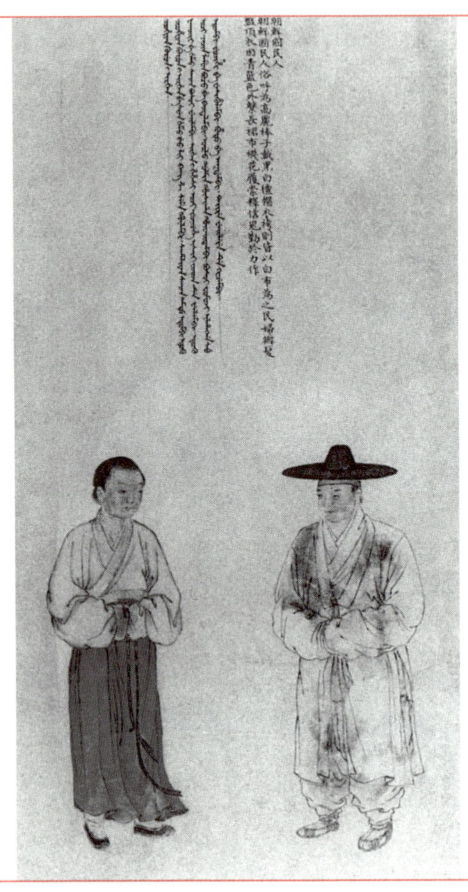

조선족

〈황청직공도(皇淸職貢圖)〉에 등장하는 조선족의 모습.
조선족 복장의 특징이 잘 표현되어 있다. 조선족은 중
국에서 형성 시기가 늦은 편이며 청(淸) 말에 대량으
로 중국에 흘러들어와 하나의 민족을 형성했다. 주로
동북 3성에 거주한다.

우정을 목숨보다 중시하는 둥베이 사람들은 친구를 위해서라면 옆구
리에 칼이 들어오는 것도 기꺼이 감수한다. 진정한 친구에게는 마음을
터놓지만, 술자리에서 한사코 안 마시겠다고 버티는 사람이라면 친구로
받아들이지 않는다. 그러니 사업 관계로 술자리를 가졌다면 "술을 잘 못

마신다", "요즘 위가 안 좋다" 등의 말은 절대 금물이다. 둥베이 사람들과는 술만 잘 마셔도 일이 잘 풀린다. 하지만 몸을 사리고 술은 멀리하면서 다짜고짜 사업 이야기부터 하자는 사람에게는 절대로 마음을 열어주지 않는다. 친구로 삼을 수 없는 사람과 무슨 비즈니스를 논한다는 말인가! 이것이 둥베이 사람들의 비즈니스관이다.

이들의 이러한 비즈니스관은 자신들의 사업에도 긍정적으로 작용한다. 기본적으로 둥베이 사람들은 의리를 중시하기 때문에 외지 사람들에게 믿을 수 있는 사업 파트너라는 인상을 준다. 많은 사람들이 둥베이의 사업 파트너에게 진솔함과 편안함을 느낀다. 믿음이라는 확신을 주어 사업을 잘 풀리게 하는 것이다. 사나이들의 의리, 이것은 둥베이 사람들과 비즈니스를 풀어가는 데 꼭 필요한 중요 덕목이다.

결국 물건을 사는 측과 파는 측 모두 목적은 금전 거래다. 이 과정에서 서로 믿을 수 있는 사람이라는 확신이 있다면 양측이 신뢰를 쌓아 거래가 성사될 확률 또한 커진다. 의리와 솔직함을 중시하는 둥베이 사람들의 이러한 특징은 이 지방 출신 중에 크게 성공한 부호가 많은 것과도 관련이 깊다. 하지만 유의할 점은 다른 요소는 무시한 채 의리만 중시하는 태도는 경쟁이 치열한 현대 사회와는 맞지 않을 수 있다는 점이다.

신장웨이구얼 자치구
네이멍구 자치구
간쑤성
닝샤후이족
자치구
산
(
산시성
(陝西)
칭하이성
시짱 자치구(티베트)
쓰촨성
충칭
후
구이저우성
윈난성
광시좡족 자치
하이나

특별 행정구

홍콩

香港

정치에는 무관심한
경제 동물

홍콩은 다양한 모습을 하고 있으며 자유항, 금융의 중심, 쇼핑의 천국, 포스트식민지 등 여러 개의 이름을 가지고 있다. 혹자는 홍콩을 흠잡을 데 없이 아름다움을 갖춘 요염한 귀부인으로 묘사한다. 그만큼 홍콩은 사람들을 매료시킨다. 돈을 쓰고 싶은 충동과 즐거움에 대한 기대감으로……

홍콩의 매력은 대부분 상업적 성숙함과 정치적
관심에서 비롯되었다. 홍콩인들은 스스로 '경제 동물'이라고 말하고 정
치에 대해서는 일부러 냉담한 태도를 보이며 화제를 피한다. 정치에 대
한 무관심은 식민지 시대에 개인적 이익과 민족적 정서와 충돌할 때 자
신을 지키려는 영민함에서 나온 것이다. 홍콩 사람들은 변화에 잘 적응
함으로써 열악한 환경에서도 역경을 딛고 생존의 길을 찾아냈다. 일에
최선을 다하고 치열하게 살아가는 그들의 태도는 홍콩의 상공업에 지
역과 정치적 한계를 넘어서서 눈부신 발전을 가져왔다. 강력한 라이벌
과 경쟁에 임할 때 지혜를 모으는 태도와 유연한 머리는 홍콩인의 자랑
이다.

홍콩 사람들은 언제나 바쁘게 살면서 정치에는 관심을 두지 않는다. 열심히 일하고 돈을 버는 생활은 그들의 두드러진 특징이다.

현실적인 홍콩 사람들은 결정적인 시기가 오면 모든 일을 해결할 방법이 자연히 온다는 것을 믿는다. 그들은 원대한 문화적 이상이 없으며, 특별한 계획을 세우지는 않지만 눈앞의 변화에 적극적으로 대응하면서 생존해왔다. 홍콩인들은 날마다 새로운 태양이 뜨며 새로운 해에는 더 좋은 비전이 펼쳐진다고 믿는다. 그들은 착실하게 현실을 살아가며 재산을 불렸다. 어려운 문제에 부딪쳐도 멈춰 서지 않고 걸으면서 방법을 생각한다. 그들에게도 먼 곳을 볼 능력이 없는 것은 아니지만 닥친 일부터 해결하는 습관이 있어 정신을 팔 틈이 없다. 그야말로 이상은 멀리 있고, 현실은 눈앞에 있는 것이다.

모험과 도박에의 탐닉

'경제 동물'이라는 별명은 현실 감각이 뛰어나다는 이유만으로 붙여진 것이 아니다. 돈을 벌려면 모험심이 있어야 한다. 이것이 홍콩인의 또 다른 특징이다.

홍콩 사람들의 모험심은 혀를 내두를 정도로 강하다. 그들은 독특한 근성과 천부적인 투기의 재능을 갖추고 있다. 홍콩의 유명한 부자들이 자본을 그토록 빠르게 확장하는 과정에서 얼마나 과감하게 모험을 감행하였는지를 들어보면 탄성이 절로 나온다.

모험은 성공한 사람에게는 박력으로 작용하며 자본과 능력에 한계가 있는 일반인들에게는 도박을 즐기는 생활로 나타난다. 홍콩은 떠도는 사람들의 세계로 안정적인 뿌리가 없다. 그들의 뼛속에는 모험과 도박에 탐닉하는 심리가 자랄 수밖에 없다. 홍콩 영화만 보아도 홍콩에서 도박이 성행하는 현상을 느낄 수 있다. 일반 시민들이 마작을 즐기는 것은 오래된 일이다. 홍콩에서는 슬롯머신이나 카레이싱, 경마, 경구(競狗 : 개들의 경주) 등이 성행한다. 요즘은 축구 도박도 관리만 잘하면 정부 세수를 늘릴 수 있는 방법이라며 합법화를 요구한다. 홍콩 정부 측에서도 이를 적극 검토 중이라고 하니 홍콩 사람들의 마음에 자리 잡은 도박의 위상이 어느 정도인지 엿볼 수 있다.

홍콩 사람과 관계 맺기

홍콩인은 중국인의 부지런함과 지혜를 가지고 있으면서 동시에 세계 각국 문화의 영향을 받아 상업성이 강하다. 홍콩 상인에게는 중국인의 사상과 일본인의 상업 의식, 영국인의 신중한 비즈니스 풍토, 미국인의 효율을 강구하는 일처리 방식이 종합적으로 나타난다고 한다. 협상 시에는 전화로 하지 않고 직접 찾아가기를 좋아한다. 가격에도 협상의 여지를 많이 두어서 처음에는 높은 가격을 불렀다가 계속 깎아줌으로써 상대가 마치 자기만 큰 혜택을 입은 것처럼 느끼게 한다.

홍콩은 특정한 사람이 결정권이 있고 실무는 누가 하는지 구체적으로 정해놓으며, 사람과 사람 사이의 관계를 회사 대 회사의 관계보다 중요시한다. 홍콩에는 기업이 많지만 거의 중소 자본이며 자금 회수를 중시하고 눈앞의 수익에 관심이 많다. 일단 상황이 변하면 언제라도 계획을 변경하기 일쑤다. 홍콩인과 비즈니스를 할 때는 계약에서 상무법 관련 조항을 꼼꼼하게 살펴보아야 한다.

마카오

澳門

도박을 거부하는 유전자

마카오 사람들은 소박하다. 그들은 물질뿐 아니라 기질과 정신도 소박하다. 인정미가 넘치며 말할 때나 일할 때나 서두르지도, 지나치게 꾸물대지도 않고 매사에 여지를 남긴다. 그들의 태도에는 평화와 여유로움이 넘친다. 어른부터 어린아이에 이르기까지 어디를 가나 밝고 경쾌한 미소 띤 얼굴을 만날 수 있다.

마카오 무역항이 개방된 후 이곳에는 점점 특이
한 신흥 사회가 형성되었다. 식민 통치자와 모험가, 벼락부자, 도박꾼,
폭력배, 기녀 등이 출현하는가 하면 혁명가, 학자, 시인, 피난자가 나타
나고 우체국, 병원, 학교들도 속속 세워졌다. 호강(濠江)의 기적 소리와
함께 도박장은 밤새 떠들썩하고 양복을 빼입은 신사들과 중국식 복장을
한 사람들이 서로 어깨를 부딪치며 광동어와 구미의 언어가 서로 섞여
독특한 분위기를 자아냈다.

이렇게 자극적인 환경에서 오랫동안 노출되었으면서도 마카오 사람
들은 의외로 조용하며 소박하게 살아가고 있다. 그들은 물질뿐 아니라
기질과 정신도 소박하다. 인정미가 넘치고 말할 때나 일할 때나 서두르

지도, 지나치게 꾸물대지도 않고 매사에 여지를 남긴다. 그들의 태도에는 평화와 여유로움이 넘친다. 어른부터 어린아이에 이르기까지 어디를 가나 밝고 경쾌한 미소 띤 얼굴을 만날 수 있다.

식민지에서도 지켜낸 전통문화 의식

마카오는 세계 4대 도박 도시에 속하며 많은 카지노가 있다. 많은 사람들이 카지노에 드나들며 돈을 따고 잃지만 마카오 사람들은 그곳에 거의 출입하지 않는다. 카지노에서 일하는 직원들도 도박 금지령에 묶여 있어 매년 초하루부터 사흘간만 도박장이 개방되고 평소에는 도박이 금지된다. 마카오 사람들은 도박을 거부하는 유전자를 가진 듯하다.

4백 년 동안 식민지로 있으면서 유럽 문화의 통치를 받았지만 마카오 사람들의 전통문화 의식은 조금도 줄어들지 않았다. 마카오 남성들의 몸집은 북방 남자들보다 작지만 도량은 그에 못지않다. 그들은 사소한 일에 개의치 않고 책임감이 강하다. 마카오 여인들은 가정적이어서 부모와 남편, 자식에게 헌신적이다.

마카오 사람들은 모든 것을 품는 너그러운 품성을 가지고 있다. 그들에게는 세계를 내려다보는 시야와 전통을 지키려는 집착이 있으며, 상

마카오의 성바울 대성당의 전면 벽
전면만 남아 있는 성 바오로(Saint Paul, 세인트 폴) 대성당의 이 벽은 마카오를 상징하는 건축물이다. 150년의 세월을 견디면서도 조각이 매우 정교하며 우아한 서양의 예술적 색채를 담고, 여전히 언덕 위에 우뚝 서 있다.

대의 허를 찔러 제압하는 담력과 어떤 역경에도 흔들리지 않는 기백이 있다. 5천 년 중국 문화의 저력과 현대인의 간결함이 함께 있다. 마카오 문화는 다양함을 포용하여 양쪽에 통달하며 다른 문명이 조화롭게 공존하는 것이 특징이다. 이를 통해 보여지는 마카오 사람들의 삶과 열정, 그들의 넓은 가슴은 패권 지상주의와 물질 만능주의에 물든 세상에 그리고 이성이 결여되고 선한 마음이 줄어드는 작금의 세계에 좋은 본보기가 된다.

마카오 사람과 관계 맺기

마카오는 현대와 옛것이 공존하는 도시다. 이러한 다원성과 풍부함이 마카오의 가치이기도 하다. 식민지 역사를 가지고 있어 자연히 이중적인 이데올로기를 가지고 있다. 따라서 이들의 성격은 두 부류로 확연히 갈라진다. 한 부류는 교양 있고 친절하게 대하는 사람들이며, 다른 한 부류는 과거 포르투갈의 통치 시대를 그리워하며 허장성세를 일삼는 사람들이다. 따라서 그들의 식민지 역사를 이해하고 서양 문화에 대한 독특한 태도를 잘 파악해야 한다.

마카오는 지역이 좁고 인구가 많지 않아서 이곳에 거주하는 사람들 간의 관계가 매우 친밀하다. 길가다 만나는 사람들끼리도 낯설지 않다. 누구에게 무슨 일이 생기면 좋은 일이든 나쁜 일이든 금방 소문이 퍼진다. 그래서 마카오 사람들은 행동 하나하나를 조심한다. 마카오 사람들과 교류할 때는 체면을 중시하는 그들의 심리를 고려하여 평화롭고 온순한 태도로 대해야 한다.

마카오를 지배했던 포르투갈 사람들은 대체로 성품이 조용한 편이었다. 그들의 여유로운 성격과 유전자가 마카오 사람들에게 영향을 미쳐 마카오 사람들도 성실하고 조용하다. 이는 그들의 큰 장점이다.

그러나 쉽게 현실에 만족하는 성격으로 낡은 것을 놓지 못하며 진취성

이 부족한 면도 있다. 그들과 교류할 때는 이런 점을 고려하여 마카오 사

람들의 보수적인 성향에 적응해야 한다.

신장웨이구얼 자치구
간쑤성
네이멍구 자치구
닝샤후이족
자치구
산
(山
칭하이성
산시성
(陝西)
시짱 자치구(티베트)
쓰촨성
충칭
후
구이저우성
원난성
광시좡족 자치
하이난

중화권

타이완

臺灣

식민 통치를 거친
중화민족의 피

역사와 지리적 요소를 종합하면 타이완 사람들의 성격이 형성된 확실한 맥락을 읽을 수 있다. 전통적인 중국인의 성격을 가지면서도 많은 면에서 서구화가 되었으며, 큰 포용력을 발휘하면서도 한편으로는 작은 땅에 모여 살면서 형성된 성격도 함께 존재한다. 그들의 성격은 서구화되었지만 여전히 중화민족의 피가 흐르기 때문에 모든 면에서 중국의 전통을 간직하고 있다.

타이완에는 춘추전국시대로부터 삼국시대, 수나라 때 타이완으로 건너온 토착민과 당·송·원·명·청 왕조 때 푸젠·광둥·중원 지역에서 흘러들어 온 '본토인', 1940년대 말 국민당의 퇴진으로 타이완으로 밀려온 '외지인'이 존재한다. 이들은 네덜란드와 일본의 식민 통치를 거치고 친미의 영향을 받았는데도 여전히 중화민족의 피를 간직하고 있다.

성격은 서구화되었지만 그들의 몸에는 중화민족의 피가 흐르고 있다. 그래서 모든 면에서 중국의 전통을 간직하고 있다. 한 타이완 학자는 타이완 사람이 순박하고 보수적이며 모든 일에 최선을 다하고 복종심, 검소한 생활 태도, 투철한 도덕관념이 있으나 충동적이고 주관이 부족한

1662년 초 네덜란드 군대가 정성공 군대의 공격을 받아 투항문서에 서명하고 타이완 섬에서 물러났다. 이로써 정성공은 타이완 섬을 침략자의 손에서 되찾아 역사에 남을 중화민족의 영웅이 되었다.

면도 있다고 평가한다. 그들은 남에게 자신의 운명을 맡겨야 하는 식민지 시대를 겪으면서 인내심을 길렀지만, 반면에 정치에 대한 공포심과 쉽게 반항하지 못하는 면을 드러낸다. 4백 년이 넘도록 지속된 정치의 불확실성이 많은 사람들의 가치관에도 영향을 주고 있다. 타이완은 지진과 태풍이 잦기 때문에 고난을 견디는 힘을 단련시켰을 거라는 사람도 있다. 또 어떤 이는 '원숭이' 의 성격을 닮아 영민하고 꼼꼼한 면도 있다고 하고, 어떤 이는 상하이 사람과 둥베이 사람의 성격이 결합되어 있다고 주장하기도 한다. 이를 종합해보면, 타이완 사람들은 우아하고 교양 있는 외모를 갖고 있으나 섬세함이 지나쳐 속마음은 좁으며 교양이 있는 대신 소탈하지 않다. 물론 타이완 사람들도 낭만과 정취는 있다.

타이완 사람과 관계 맺기

　　역사와 지리적 요소를 종합하면 타이완 사람들의 성격이 형성된 확실한 맥락을 읽을 수 있다. 전통적인 중국인의 성격을 지니면서도 많은 면에서 서구화가 되었으며, 큰 포용력을 발휘하면서도 한편으로는 작은 땅에 모여 살면서 형성된 성격도 함께 존재한다.

타이완의 민속도 〈데릴사위〉
청대에 그려진 이 작품은 당시 타이완 소수민족의 혼인 풍속을 반영했다. 데릴사위를 맞는 것이 타이완 고산족의 주요 혼인제도였다.

　타이완 사람들은 가족을 중요시하여 합자기업의 대부분이 가족경영 체제를 택하고 있으며 관리도 가족이 한다. 그리고 중국의 옛 문화와 전통을 계승하고 있어서 번체자(繁體字)를 쓰고 출판물은 세로로 읽는 것이 많다. 이들은 인의예지(仁義禮智)를 숭상하고 충효사상이 여전히 중요한 덕목이다. 따라서 타이완 사람들과 교류할 때는 예의와 신용에 주의하면 문제가 없을 것이다. 그 밖에 정치 문제를 이야기할 때는 신중해야 한다. 역사적 원인으로 많은 정치 문제가 아직 해결되지 않고 있기 때문이다. 결론적으로 말하면 같은 부분을 취하고 다른 점을 인정하며 원원을 추구하는 원칙을 지켜야 한다.

중국 비즈니스, 중국인을 알고 시작하자

중국을 오가며 가장 부러웠던 점은, 방대한 국토와 다양한 소수민족의 풍습으로 한번 찾은 여행자를 자꾸만 불러들이는 매력을 발산한다는 점이다. 처음엔 단순히 중국어를 배우겠다고 입문한 사람들도 점차 중국어에 매료되어 쉽게 포기하지 못하고 더욱 깊이 있게 알기 원한다. 텔레비전이나 매체에서 단 하루도 중국이라는 단어를 듣지 않고 지내는 날이 없을 정도로 이제 중국은 우리와 친숙한 이웃이다.

사람들이 생각하는 중국의 이미지는 무엇일까?

'삼국지의 나라' 라는 사람도 있고, '쿵푸의 고장' 이라는 사람도 있으며, 공자와 맹자 등 고대 사상가의 이름을 떠올리는 사람도 있을 것이다.

현대에 와서는 중국의 이미지도 많이 달라졌다. 중국은 개혁 개방 이후 눈부신 발전을 이룩한 나라이며, 올림픽을 멋지게 치러낸 나라다. 요즘은 중국 사람도 쉽게 마주칠 수 있고, 중국을 옆집 드나들 듯 자주 방문하는 사람도 많다. 그래서인지 주변에 "중국 사람은 이렇더라" 혹은 "중국인의 풍습은 이러하니 알아두어야 한다" 하는 식의 말이 넘쳐난다.

이를테면 술을 마실 때 우리와는 다른 첨잔 문화가 있기도 하고, 주전자의 주둥이 부분을 사람에게 향하는 것을 금기시하는 풍습이 있는가 하면, 한자의 발음이 비슷해서 생기는 금기도 많다. 예를 들어 시계를 선물하면(送鐘) 죽음(送終)이 연상되고, 우산(傘)은 헤어짐(散)을 연상시킨다 하여 금기시하며, 또 배(梨)를 둘로 쪼개서 먹으면(分梨) 이별(分離)을 의미한다는 둥 우리와는 다른 문화가 많다.

이 정도 알고서 스스로 중국통이라 자부하던 사람들도 막상 중국인과 접하며 생각했던 것과는 많이 다른 모습에 당황하게 된다. 특히 "중국인과 사업할 때는 이렇게 해야 한다", "중국인은 섣불리 믿지 말아야 한다"는 말을 그대로 따랐다가 낭패를 당하는 사업가도 많다.

시장에서 물건 하나를 사더라도 부르는 값에서 10분의 1, 아니 그 이상을 깎아야 한다는 주변 사람의 조언만 듣고 어디를 가나, 어떤 물건을 막론하고 무조건 값을 깎는 한국인의 모습에 진저리를 친다는 중국 상인도 있다. 나 또한 처음 중국에 갔을 때 슈퍼마켓에서 작은 물건 하나를 사면서도 무조건 깎아달라고 억지를 썼던 기억이 있다. 그래서 관광지나 쇼핑가에서 한국인에게는 값을 더 쳐서 부르는 악순환이 반복되는지도 모른다.

물론 나라마다 민족성이 있고 한마디로 요약되는 특징과 풍습을 가지고 있으며, 대부분은 책에서 얻는 지식이 현실과 거의 들어맞는다. 그러나 중국은 다르다. 땅덩어리가 어마어마하게 크며 한족을 포함해 56개 민족으로 구성된 복잡한 나라다. 따라서 한 마디로 단정할 수 없는 나라이기도 하다.

우리는 그동안 중국의 그 넓은 땅을 단순히 하나의 대륙으로만 보고, 한 가지로 열 가지를 판단해버리는 우를 범했는지도 모른다. 같은 중국이라도 각 지역, 각 민족에 따라 그 전통과 생활이 천차만별이기 때문이다. 다양한 지역 사람들의 특징을 자세히 알고 이에 대처해야 글로벌 시대를 살아가는 올바른 자세라고 할 수 있을 것이다.

『넓은 땅 중국인 성격지도』는 이런 요구에 걸맞은 책이다. 이 책에는 우리가 일반적으로 알고 있던 상식보다 더 구체적인 정보가 들어 있다. 중국인이 가는 곳이면 목소리가 커서 싸움이라도 난 것처럼 시끄럽다고 생각하는 사람들은, 예의바른 남방 사람이나 조용조용한 말투로 정확한 비즈니스를 구사하는 상하이 사람, 정이 깃든 상냥한 말투의 네이멍구 사람, 진심으로 손님의 안부를 묻는 윈난 사람, 가족보다는 친구와의 의리를 중시하는 푸젠 사람을 보고 그동안의 편견을 버려야 할 것이다. 길을 묻는 당신에게 퉁명스럽게 몇 마디 하는 둥베이 사람을 불친절하다고 툴툴거리지만 말고, 거친 말투 속에 깃든 따뜻한 인정미를 봐야 할 것이다.

또 이 책을 통해 비즈니스의 귀재 원저우 사람들이 세계를 무대로 활약하는 이유를 알게 될 것이며, 그들로부터 비결도 얻을 수 있을 것이다. 당신 앞에 있는 중국인의 고향이 허베이라면 무협의 고수 이름 몇 명을 대는 것으로 상대의 호감을 얻을 수 있다.

이 책에는 비즈니스는 물론이고 생활 풍습도 비교적 자세히 소개되어 있다. 옮긴이의 입장에서 특히 흥미를 끌었던 것은 지역별로 남성의 외모나 성격, 여성에게 대하는 태도가 각각 다르다는 점이었다. 물론 여성도 마찬가지다. 특히 여성의 아름다움과 성격이 지역마다 조금씩 다르고 남녀의 역할, 연애방식, 결혼 생활이 우리와는 다른 점이 많아 눈길을 끌었다. 그밖에 특정한 지역이나 소수민족, 종교별로 금기도 다양해서 방문자는 늘 이 점을 염두에 두어야 할 것이다.

『넓은 땅 중국인 성격지도』를 번역하면서 개인적으로 얻은 점이 많았다. 이 책이 중국에 대한 이해와 비즈니스에 조금이라도 도움이 되기를 바라며, 미진한 점이 있다면 많은 지도와 편달을 바란다.

2010년 6월

옮긴이 차혜정

넓은땅 중국인 성격지도

초판 1쇄 인쇄 2010년 7월 15일
초판 1쇄 발행 2010년 7월 20일

지은이 | 왕하이팅(王海亭)
옮긴이 | 차혜정
감수 | 송철규
펴낸이 | 전익균

이사 | 송영욱, 엄재명
편집장 | 김남희
편집 · 기획 | 김미화, 황정림, 장지연
디자인 | 이호영
마케팅 | 이상현, 허윤영, 조동호
경영지원 | 최예란

찍은곳 | 예림인쇄
출력 | 한국커뮤니케이션
제본 | 바다제책

펴낸곳 | (주)새빛에듀넷
주소 | 서울 강남구 청담동 32-6 현대빌딩 601호
전화 | 02-3442-4393~4   팩스 | 02-3442-6771
e-mail | svinvest@hanmail.net   홈페이지 | www.bookclass.co.kr
등록번호 | 제16-4043호   등록일자 | 2006. 11. 28

값 18,000원

ISBN 978-89-92873-69-7 (13980)

*잘못 만들어진 책은 구입하신 곳에서 바꾸어 드립니다.